Darf ich bitten?

Ute Rott

Darf ich bitten?

Das 1x1 des freundlichen Rückrufs

PhiloCanis Verlag

Bibliografische Information der Deutschen Nationalbibliothek:
Die Deutsche Nationalbibliothek verzeichnet diese Publikation in der Deutschen Nationalbibliografie; detaillierte bibliografische Daten sind im Internet über http://dnb.dnb.de abrufbar.

PhiloCanis Verlag
Metzelthin 22
17268 Templin
mail: ute.rott@yahoo.com
www.forsthaus-metzelthin.de

Satz & Layout: Franz Sonnenstatter, Hausham

Herstellung:
BoD – Books on Demand, Norderstedt

ISBN: 978-3-98183078-1

Inhalt

Darf ich bitten?

So ein merkwürdiger Buchtitel, haben Sie sich vielleicht gedacht, als Sie dieses Buch gesehen haben. Warum soll ich meinen Hund „bitten" wenn er zu mir kommen soll? Der Titel kam durch einen Vorschlag nach einer Ideensammlung auf der Facebook-Seite des Verlages zustande. Er hat mir einfach gut gefallen, weil ich mich am meine erste Hündin erinnert fühlte. Ich habe sie beim Rückruf nie gebeten, sondern – nach Ratschlag aller möglichen „Experten" – sehr scharf angesprochen und wenn sie dann endlich kam, ihr eine reingesemmelt – auch so ein heißer Expertentip –, damit sie das nächste Mal schneller kommt. Mir blutete jedes Mal das Herz, aber es war niemand da, der mir gesagt hätte, wie ich es anders machen könnte.

Und? Kam sie schneller? Natürlich nicht. Würden Sie eilig und freudig zu jemanden hinlaufen, der Sie zuvor immer mal wieder gewatscht hat? Für Sie undurchschaubar und definitiv nicht erklärlich? Ganz sicher nicht. Nachdem mein Weibi, so hieß meine Bernhardinermixhündin, im Alter von neun Jahren wegen Knochenkrebs eingeschläfert werden musste, hätte ich viel darum gegeben, wenn ich sie mehr gebeten und weniger gezwungen hätte. Natürlich wurde sie nicht ihr Leben lang von mir verprügelt und auch das mit dem Zwang hielt sich in engen Grenzen. Mit Mitte 20 sieht mal vieles sehr locker und deshalb hatte sie jede Menge Freiheiten. Eine davon war, dass sie so gut wie überall frei laufen konnte außer an öffentlichen Straße und Plätzen. Die einzige Baustelle, die wir hatten, war der Rückruf. Rassetypisch war sie sowieso immer in meiner Nähe, deshalb war das auch nicht wirklich ein großes Thema. Wenn sie mal zehn Meter von mir entfernt war, war es viel – und das ohne diese Horrormethoden, die ich weiter hinten beschreibe. Bernhardiner sind so.

Wir hatten ein inniges und liebevolles Verhältnis, nicht zuletzt deshalb, weil mein Mädchen sich unglaublich bemühte, mir zu zeigen, wie es richtig geht. Bis zu ihrem Tod hatten wir ein „Spiel", also ich dachte, es sei ein Spiel. Sie blieb zurück, deutlich mehr als ihre normale Distanz, und wenn ich mich umdrehte, lachte sie mich an und duckte sich ab – eine lustige, freundliche Spielaufforderung. Dann musste ich mich freuen und lachen und rufen: komm schnell, Weibilein, komm schnell! Sofort kam sie angesaust wie eine Rakete. Und dann gab es eine Riesenparty! Wir hopsten beide rum und waren sehr ausgelassen und albern. Einmal pro Spaziergang war das immer drin.

Heute glaube ich nicht mehr, dass das wirklich als Spiel von ihr gedacht war. Ich vermute, sie wollte mir zeigen, wie es richtig geht: freundlich, lustig, spielerisch, so dass alle Beteiligen Spaß daran haben. Selbst jetzt, fast 40 Jahre später, tut es mir weh, dass ich mein liebes Mädchen nicht richtig verstanden habe. Deshalb widme ich ihr dieses Buch. Vielleicht trägt es ein bisschen dazu bei, dass die Welt für Hunde freundlicher wird.

Weibi

1. Warum kommt mein Hund nicht, wenn ich rufe?

Es gibt Hunde, die beim ersten Ton, den ihre Menschen von sich geben, angerannt kommen wie die Raketen. Freudig und begeistert rasen sie auf Herrchen – oder Frauchen – zu und freuen sich „wie ein junger Hund", dass sie zu ihrem Menschen kommen dürfen. Viele Hundebesitzer stehen neiderfüllt daneben und fragen sich, warum ihr Hund das nicht macht. Vielleicht ist es so, dass ihr Hund nicht nur nicht reagiert, sondern auch ganz offensichtlich überhaupt keine Lust hat, in die Nähe seines Herrchens – oder Frauchens – zu kommen.

Jeder Mensch hat andere Prioritäten in der Hundeerziehung, auch Hundetrainer sind sich in vielen Punkten nicht einig, ob jetzt das eine oder andere Signal wirklich wichtig ist oder nicht. Zum Beispiel bestehen manche Trainer darauf, dass der Hund am Straßenrand immer absitzt, mir dagegen ist das ganz egal, solange der Hund ruhig wartet. Auch ob ein Hund abliegen oder Bei-Fuß Gehen können muss oder nicht, darüber kann man verschiedener Ansicht sein.

Zwei Punkte gibt es, da sind sich eigentlich alle – ob Hundehalter oder TrainerIn – einig: Jeder Hund muss ordentlich an der Leine gehen können und er muss – gerade in schwierigen Situationen – kommen, wenn er gerufen wird. Die Erwartungshaltung, die sich dadurch bei den Menschen aufbaut, macht sich oft in einem nicht zu unterschätzenden Druck bemerkbar. Dazu kommt der gesellschaftliche Druck auf den Menschen, denn es wird einfach erwartet, dass Hunde funktionieren und das beweist der Mensch am besten dadurch, dass sein Hund „perfekt" hört. Dieser Druck erzeugt beim Hund aber Stress und Stress erschwert das Lernen ungemein.

Jedes Fehlverhalten, das ein Hund zeigt, bzw. das sein Mensch als solches einordnet, hat Ursachen. Eine der Hauptursachen ist:

Der Mensch hat es seinem Hund beigebracht!

Wir Menschen, die wir nicht gerne selbstkritisch an ein Problem herangehen, suchen lieber einen Schuldigen, als bei uns ein bisschen genauer hinzusehen. Es ist doch viel einfacher, seinem Hund Dominanz oder Ignoranz zu unterstellen, als den Fehler bei sich selbst zu suchen. Wenn wir aber unserem Hund anständiges Benehmen beibringen wollen, dann ist diese Erkenntnis, dass wir die Ursache so gut wie allen angeblichen Fehlverhaltens unserer Hunde sind, der erste Schritt in die richtige Richtung.

Hunde, die sich nicht abrufen lassen, wurden sehr häufig in irgend einer Form bestraft: sie wurden geschimpft, weil sie so langsam oder so spät kamen, nicht gelobt, bekamen also keine Anerkennung, wurden ignoriert, weil Gehorsam selbstverständlich erwartet wird ... warum also soll er zu seinem Menschen kommen? Anscheinend legt der keinen Wert auf seine Nähe. Zumindest stellt es sich für Hunde so dar.

In meinem Training gibt es keine Strafen. Warum das so ist, werden wir später noch besprechen. Es gibt nur eine einzige körperliche Züchtigung, die Sie anwenden dürfen, wenn Ihr Hund mal wieder nicht folgt: Sie nehmen eine möglichst dicke Tageszeitung, machen eine feste Rolle daraus und schlagen sich 5-6 Mal damit auf den Kopf. Bei jedem Schlag sagen Sie laut: Ich bin leider nicht fähig, meinen Hund zu erziehen. Wenn Ihr Hund einen Lachanfall bekommt, loben Sie ihn und geben ihm ganz tolles Leckerchen.

Spaß beiseite. Zunächst müssen wir feststellen:

Warum und wann kommt Ihr Hund nicht?

Denn dafür kann es ganz andere Gründe geben als bei allen anderen Hunden. Gehen Sie als erstes die nachfolgende Liste durch und überlegen Sie, was die Gründe für Ihren Hund sein könnten. Es gibt sehr viele Gründe, warum ein Hund nicht kommt, wenn man ihn ruft:

Viele Gründe, warum ein Hund nicht kommt, wenn man ihn ruft:

Zu wenig oder falsches Training:

- Er kennt das Signal noch nicht
- Die Entfernung ist zu groß
- Der Hund hat gelernt nicht zu kommen, weil sein Besitzer steht da und ruft und ruft und ruft ...
- Der Hund hat gelernt, erst zu kommen, wenn gebrüllt wird
- Der Hund hat gelernt: „wenn ich komme, muss ich sofort an die Leine, und dann ist der Spaß vorbei!"
- Herrchen / Frauchen ruft immer und läuft dann in Richtung Hund, also muss der nur warten, bis Herrchen / Frauchen da ist
- Der Hund hört immer nur seinen Namen, aber nie, was er tun soll
- Es gibt viele verschiedene Signale, die er immer wieder hört, aber er hat kein einziges ordentlich gelernt (hierher, komm her, schau mal her, zu mir ...)
- Der Hund fühlt sich nicht angesprochen, weil er nie mit dem Namen angeredet wird
- Er wird pausenlos abgerufen und hat einfach keinen Bock mehr. 25 Mal in 30 Minuten nervt auch den folgsamsten Hund
- Der Hund wird permanent zugetextet und hört gar nicht mehr hin
- Der Hund wird weder gelobt noch belohnt, wenn er kommt
- Je nach Laune von Herrchen / Frauchen wird er mal gelobt, mal belohnt, mal angeschnauzt, mal ignoriert. Also bleibt er vorsichtshalber weg
- Jedes Mal wenn er kommt, muss er was machen: Sitz, Platz oder sonst was, um sich ein krümeliges Leckerchen zu verdienen, das er eigentlich gar nicht mag

Er wird immer unter zu großer Ablenkung oder zum falschen Zeitpunkt gerufen:

- Die Ablenkung ist zu groß, weil z.B. eine läufige Hündin in der Nähe Ihres Rüden rumläuft
- Der Hund hat gelernt, dass er immer kommen soll, wenn was Tolles los ist (Hase, Jogger, spielende Kinder sind in Sicht)
- Der Hund kotet oder uriniert gerade
- Der Hund hat Stress

- Der Hund hat ein Problem: er muss sich mit einem anderen Hund auseinandersetzen und Herrchen / Frauchen merkt das nicht
- er hat Angst, ist krank oder behindert

Die Stimme des Rufenden ist:

- zu leise
- zu bedrohlich

Mimik und Gestik (=Körpersprache) ist:

- zu bedrohlich
- konfus und unklar
- widersprüchlich

Der Hund fürchtet sich vor dem Signal

- Der Hund hat Angst vor dem, der ruft
- Als Welpe ist es dem Hund sehr oft passiert, dass er getreten wurde, jetzt traut er sich nicht mehr in die Nähe seiner Menschen
- Der Hund fürchtet sich vor etwas, das er überqueren, durchlaufen, überwinden muss, um zu dem Rufenden zu kommen
- Herrchen / Frauchen steht gegen die Sonne und der Hund fürchtet sich
- Herrchen / Frauchen trägt eine schwarze Sonnenbrille (schwarze Löcher im Gesicht ...)
- Herrchen / Frauchen hat eine Zigarette in der Hand

Oder er hat ganz andere Gründe:

- Der Hund ist taub oder hört schlecht
- Der Hund hat sich verletzt und kann nicht kommen
- Der Hund ist mit dem Geschirr / Halsband hängengeblieben
- Der Hund kennt oder erkennt den Rufenden nicht
- Herrchen / Frauchen hat die Leine so umgehängt, dass sie dem Hund jedes Mal um den Kopf fliegt, wenn er hingeht, also mag er nicht mehr kommen
- Mehrere Personen rufen den Hund gleichzeitig
- Der Hund möchte lieber im Schatten bleiben
- Er muss dringend irgendwo hin, z.B. ans Seeufer, weil er so gerne badet
- Herrchen / Frauchen hat knisternde Kleidung an, das findet der Hund unangenehm

- Der Hund hat noch überhaupt keine Lust heimzugehen
- Herrchen ruft, Frauchen belohnt. Und wenn jetzt nur Herrchen da steht? Dann lohnt es sich ja nicht zu kommen.

....

Und welche Gründe hat Ihr Hund?

Was glauben Sie? Klappt der Rückruf jetzt?

2. Der läuft dir nach wie ein junger Hund ...

Der läuft dir nach wie ein junger Hund... Können Sie sich noch erinnern, wie Sie Ihren Kleinen bekommen haben? Auf Schritt und Tritt ist er hinter Ihnen hergelaufen. Manchmal war es direkt ein bisschen nervig, weil Sie immer aufpassen mussten, dass Sie nicht über ihn fallen. Wenn Sie seinen Namen nur gesagt haben, war er schon da.

Auch beim Spazierengehen ist er dauernd neben Ihnen gelaufen und Sie mussten ihn nie an die Leine nehmen. Geben Sie es zu, Sie waren richtig stolz, dass Sie so einen braven Hund hatten. Also haben Sie ihn immer frei laufen lassen. Wenn er wirklich mal weiter wegging, kam er plötzlich angeschossen und ist an Ihnen hochgesprungen. Sie haben das manchmal erst bemerkt, wenn er da war und sind fast über ihn gefallen.

Allmählich ist er größer geworden und hat angefangen, die Welt zu erkunden. Er hat gemerkt, dass es noch mehr interessante Dinge gibt, z.B. Schmetterlinge, Mäuse, Dreckhaufen, rotzige Taschentücher, Stöckchen, andere Hunde, Katzen, Kaninchen.... die ganze große interessante Welt eben, die so ein Hundekind ja auch einmal erobern möchte. Sie standen dann oft da und haben gerufen, gerufen, gerufen ... aber er ist nicht gekommen. Sie haben seinen Namen gerufen, das hat nichts genutzt. Jemand hat Ihnen empfohlen, mit fester Stimme „Hier" zu rufen, das hat ihn nicht wirklich interessiert. Dann haben Sie versucht, ihn mit einem Leckerchen zu locken, das hat auch nichts gebracht. Und nachdem Sie allerhand Dinge ausprobiert haben, die Sie irgendwo aufgeschnappt haben, sind Sie total sauer geworden und sind ihm nachgerannt. Vielleicht haben Sie ihn erwischt und ihn furchtbar geschimpft, vielleicht haben Sie ihm auch mal eine geknallt, vielleicht hat er mit Ihnen Fangen gespielt, ganz egal, wie Sie reagiert haben: er ist nicht von sich aus gekommen, sondern es wurde eher schlimmer als besser. Seitdem läuft er an der Leine und wenn er mal von der Leine weg ist, kommt er bestenfalls unwillig oder nach längerer Zeit und unter nervenaufreibenden Anstrengungen Ihrerseits zurück und lässt sich anleinen.

Vielleicht waren Sie auch immer sehr lieb zu ihm, haben ihn nie geschimpft und waren mit Leckerchen und Lob sehr freigiebig. Also kann es nicht daran liegen, dass er nicht kommt. Sie verstehen die Welt nicht mehr, weil Sie felsenfest davon überzeugt sind, dass man mit Freundlichkeit und Lob am meisten erreicht. Damit haben Sie auch recht, selbst wenn es jetzt erst mal mit dem Abrufen nicht geklappt hat.

Wenn Sie jetzt an die erste Zeit mit Ihrem Kleinen denken, dann erinnern Sie sich vielleicht an diese unglaublich praktische Angewohnheit, die alle Welpen haben: Sie laufen einem ständig hinterher. Oder was glauben Sie, woher das Sprichwort kommt: der läuft dir nach wie ein junger Hund? Warum tun sie das?

Welpen sind wie kleine Kinder sehr hilflos und das wissen sie. Es ist ihnen vollkommen klar, dass sie ohne Mama oder ersatzweise ihren Mensch nichts auf die Reihe kriegen. Sie als Mensch müssen alles übernehmen, wofür die Mutter zuständig wäre: Füttern, bewachen und beschützen, erziehen, kuscheln, streicheln, liebhaben, spielen..... alles eben, was eine gute Mama mit ihren Kindern so macht. Und weil Welpen wie Kinder am besten lernen, wenn sie jemanden haben, der ihnen alles vormacht, laufen sie entweder hinter ihrer Mutter oder eben hinter Ihnen her. Sehr praktisch für beide Seiten. Eigentlich.

Leider, leider, leider gibt es viele Hundetrainer und mehr oder weniger selbsternannte „Experten", die sehen in diesem Hinterherlaufen Dominanzverhalten oder Austesten von Grenzen oder ähnliches. Damit sich Ihr Welpe keine Sachen anmaßt, die ihm nach Meinung dieser „Experten" nicht zustehen, lassen sie sich allerhand einfallen. Da wird beispielsweise angeraten, das Hundekind sofort an eine Box zu gewöhnen, die dann einfach zu ist, wenn man seine Ruhe haben möchte. Z.B. nachts, da muss der kleine Hund eben aushalten und Sie müssen nicht alle zwei Stunden mit ihm raus. Dass die kleine Blase damit vollkommen überfordert ist und gesundheitliche Probleme vorprogrammiert sind, übersieht man geflissentlich. Dass diese Box, wahlweise ein Platz, an dem der Hund mit einer kurzen Leine fixiert wird, auch tagsüber ihre Dienste tun kann, erweist sich als sehr, sehr praktisch. Ist es nicht einfach toll, wenn der Kleine lernt, stundenlang auf dem ihm zugewiesenen Platz zu bleiben? Dann wuselt er Ihnen auch nicht mehr um die Füße und Sie müssen nicht so aufpassen. Und er lernt wunderbar, an seinem Platz zu bleiben. Super, oder?

Abgesehen davon, dass es einfach mehr als merkwürdig ist, wenn man sich einen Hund ins Haus holt, ihn aber nicht um sich haben möchte: wo ist der Unterschied zu einem Zwinger, in den der Hund gesperrt wird? Vielleicht der, dass es im Haus wärmer und er vor dem Wetter besser geschützt ist. Aber damit hört es schon auf.

Was hat das mit unserem Thema „Freundlicher Aufbau eines zuverlässigen Rückrufs" zu tun? Auf den ersten Blick nicht viel, aber wenn man sich damit näher befasst stellt man fest, dass diese Art von Training sehr weitreichende Folgen auch auf das Abrufen hat. Es ist vollkommen egal, wie man so ein „Training" nennt und begründet. Wenn Sie Ihrem Hundekind entweder verbieten, in Ihrer Nähe zu sein oder es ihm sogar durch Wegsperren unmöglich machen, dann haben Sie irgendwann ein Problem. Denn Sie absolvieren ein sehr effektives Training zur Trennungsangst und erlernten Hilflosigkeit. Sie lesen schon richtig: Sie arbeiten mit solchen Methoden, daran, Ihren Hund unselbständig und hilflos zu machen und bringen ihm bei, dass es gruselig ist, von Ihnen getrennt zu sein. Denn ein Welpe, der nicht bei seinem Vorbild Mensch sein kann, der ist hilflos, der lernt nicht, wie er in diesem fremden Leben klar kommen kann und der ist dann irgendwann nur noch froh, wenn er in Ihrer Nähe ist und wird unter Umständen sehr schwer selbstständig und selbstbewusst. Es hat eben nichts mit gutem Gehorsam zu tun, wenn ein Hund wie eine Klette an seinem Menschen klebt und sich ohne ihn vollkommen hilflos und verlassen fühlt. So ein Hund kommt in der Welt nicht alleine klar und das kann niemand im Ernst wollen. Wir wollen uns hier hauptsächlich mit Abrufen befassen, deshalb hier eine ausdrückliche Warnung: alle diese wunderbaren Tipps von Experten, die „mit Hunden aufgewachsen sind", „seit Jahren mit Hunden leben" und was es an Argumenten für die eigenen Fähigkeiten sonst noch gibt, sollten Sie sehr genau hinterfragen und (!) sich die Hunde dieser Leute genau ansehen. Vielleicht kommen Ihnen das eine oder andere Mal doch Zweifel. Hoffentlich.

Dabei ist es einfach rührend, mit welch vertrauensvoller Hingabe Welpen uns einfach alles, alles überlassen und felsenfest davon überzeugt sind, dass wir großen Menschen alles gut für sie regeln und auf die Reihe kriegen. Sind Sie aktiv in den Sozialen Netzwerken? Kennen die Fotos, die die Runde machen, auf denen Welpen in entzückenden Situationen festgehalten sind? Beispielsweise wenn sich so ein Fellknäuel zwischen die Beine seines Menschen flüchtet, weil die Welt einfach doch etwas gefährlich wirkt? Oder ein lebendiges Plüschtierchen, das sich in die Arme des glücklichen Halters schmiegt? Oder, oder, oder.... Und dann gehen wir hin und sperren dieses Tierchen weg? Weil es einem zu mühsam ist, einige Wochen oder Monate auszuhalten, dass es immer in unserer Nähe sein möchte? Falls Ihnen jetzt einfällt, dass Sie leider genauso mit Ihrem Welpen gehandelt haben, dann ist das Kind vermutlich noch nicht komplett in den Brunnen gefallen, aber es wird deutlich schwieriger. Denn Welpen abzurufen ist das einfachste von der Welt.

Wenn Ihre Knie das mitmachen, gehen Sie in die Hocke, rufen ihn mit einer fröhlichen Stimme und während er kommt, freuen Sie sich ein Loch in den Bauch. Das müsste ich eigentlich gar nicht extra schreiben, denn es gibt wenige Erlebnisse mit Hunden, die mehr Freude bereiten, als der Anblick eines heran purzelnden Welpen. Manch einer kommt wirklich ins Stolpern – nur weil er es sooo eilig hat, zu Ihnen zu kommen. Wenn das kein Grund zur Freude ist!

Da muss man sich doch einfach freuen, wenn so ein Herzchen durch den tiefen Schnee angesaust kommt.

Wenn Ihr Knie gegen Hinhocken sind oder Sie das für überflüssig halten, dann bleiben Sie einfach stehen und bewegen sich ein bisschen. So wirken Sie locker und entspannt. Alles andere bleibt gleich.

Rein theoretisch könnte ich jetzt aufhören zu schreiben, denn wenn alle Welpenbesitzer sich daran halten, dann könnte das doch klappen, oder? Ganz so einfach ist es leider nicht, aber es ist die wichtigste Grundlage für den Aufbau eines zuverlässigen Signals zum Abrufen.

Es ist nämlich ein gewaltiger Unterschied, ob Sie beispielsweise einen Deutschen Schäferhund, einen Beagle oder einen Herdenschutzhund bei sich aufgenommen haben. Der Schäferhund, wahlweise Golden Retriever, Labrador oder Dobermann, ist ganz wild darauf, alles richtig zu machen und zwar genau so, wie Sie es gerne möchten. Darauf wurden diese Hunde seit hunderten von Generationen gezüchtet. Hütehunde, Treibhunde und Jagdhunde, die aktiv mit dem Menschen zusammen arbeiten, achten sehr genau darauf, was sie wann wie machen sollen. Nur so sind Mensch und Hund bei ihren gemeinsamen Aktivitäten, wie Schafe hüten, Rinder treiben oder angeschossenes Wild gemeinsam suchen, erfolgreich.

Es gibt Rassen, die genetisch bedingt in bestimmten Situationen nicht auf Ihre Menschen hören, da das ursprünglich weder erwünscht noch notwendig war. Dazu gehören viele Jagdhunderassen, nämlich alle, die selbständig arbeiten wie z.B. Dackel, Beagle, Windhunde oder Terrier. Wenn ein Beagle erstmal Witterung aufgenommen hat, soll er sich davon nicht mehr abbringen lassen, weder von Ihnen noch von sonst etwas. Das würde den Erfolg der Jagd gefährden. Und auch wenn Sie kein Jäger sind und auch nicht vorhaben, einer zu werden, gilt für Ihren Hund trotzdem, dass er nur macht, was seit Jahrhunderten sehr erfolgreich gezüchtet wurde. Bei Windhunden ist es noch einen Zacken schärfer. Diese Hunde wurden aus reinem Luxus gehalten und haben selbst in Ländern, in denen Hunde überhaupt kein oder nur geringes Ansehen genießen, wie Arabien einen hohen Stellwert. Sie waren die Hunde der Fürsten und Könige und die müssen bekanntlich auf niemanden hören. Die Jagd sah so aus: Zu Pferd ritten Herr und Hund durch die Wüste oder Steppe und sowie der Hund eine Antilope oder anderes Wild sah, sprang er von sich aus vom Pferd und versuchte, das Wild zu bekommen. Da es in der Regel mehrere Hunde waren, waren sie auch sehr erfolgreich. Ihre Herren fanden es einfach vergnüglich, sich die Jagd anzusehen und die Qualität ihrer Hunde zu bewundern. Und jetzt kommen Sie und denken, dass Ihr sündteurer Saluki Ihnen zuliebe gefälligst die Hasen hinterm Haus in Ruhe lassen und sich davon abrufen lassen soll.

Bei Herdenschutzhunden ist das ähnlich, aber je nach Rasse ist ein vergleichbares Verhalten milder oder deutlicher ausgeprägt. Herdenschutzhunde müssen grundsätzlich davon überzeugt sein, dass alles in Ordnung ist, dann können sie auch unseren Aufforderungen nachkommen. Sie überzeugen sich durch genaues Beobachten und Einordnen des Geschehens. Ein Kangal oder Kaukase, also Hunde, die in sehr einsamen Gegenden große Viehherden bewachen und selbständig entscheiden müssen, wann und wie sie gegen zwei- und vierbeinige Beutegreifer vorgehen oder eben nicht, lassen sich deshalb aus einer Beobachtung, die ja auch für den Hirten eine existenzsichernde Bedeutung hat, nicht einfach mal so abrufen. Da können Sie ruhig mit einem Filetsteak wedeln – es wird nichts nützen. Wenn der Job erledigt ist, dann kommt er. Es gibt durchaus verschiedene Rassen bei Herdenschutzhunden, die nicht ganz so „pflichtbewusst" sind. Pyrenäenberghunde leben häufig in dichter besiedelten Gegenden und werden auch schon sehr viel länger als Familienhunde gehalten als andere Herdenschutzhunde, sie lernen also sehr viel leichter als z.B. Kangals, dass nicht alles, was sich uns nähert, gleich Gefahr bedeutet.

Was bedeutet denn „Gefahr" für diese Hunde? Sie sind grundsätzlich allem Fremden gegenüber misstrauisch und wollen von ihren Menschen eine gute Erklärung, warum das jetzt zu den harmlosen Alltagsbegegnungen zählt und nicht zu potentiellen Angriffen. Wenn ein Herdenschutzhund das einmal begriffen hat, dass Sie das sehr wohl einordnen können, dann fragt er immer bei Ihnen nach und vertraut Ihnen auch, und dann ist das Abrufen in der Regel auch kein Problem – solange Sie nicht erwarten, dass er angezischt kommt wie ein Dobermann.

Oder Sie haben einen Hund aus dem Tierschutz adoptiert, und wissen nichts über seine Vorgeschichte. Aber Sie haben ein Problem, weil er um nichts in der Welt zurückkommen möchte, wenn Sie ihn frei laufen lassen. Falls es sich um einen Galgo oder Podenco aus Spanien handelt, kann es durchaus sein, dass er schon antrainiert wurde, für die Jagd nicht geeignet erschien und dann getötet werden sollte. Zu seinem Glück ist er bei Ihnen gelandet – aber deshalb wird er nicht aus purer Dankbarkeit seine Anlagen und Talente vergessen.

Wir müssen uns also darüber im Klaren sein, dass es Hunde gibt, die man nur bedingt oder gar nicht frei laufen lassen kann, und Hunde, die im Freilauf gut abrufbar sind. Und Sie müssen sich darüber im Klaren sein, dass ein Hund auch mit Leinenspaziergängen ein zufriedenes und glückliches Leben führen kann. Mit einer genügend langen Leine, die mindesten drei Meter lang ist, spannenden und abwechslungsreichen Spaziergängen, bei denen Sie gemeinsam Entdeckungen machen, spielt es nur noch eine untergeordnete Rolle, ob Ihr Bello Freilauf hat oder nicht. Viele Hundeschulen bieten ihren Kunden schöne, große Hundeplätze an, auf denen Ihr kleiner

Freund mit seinen Kumpeln laufen und rennen kann. Zusätzlich können Sie noch etwas für seine Auslastung zu tun, z.B. indem Sie mit ihm Nasenarbeit betreiben.

Aber wie war das jetzt mit den jungen Hunden? Und warum hören manche Hunde in der Junghundezeit auf, dem Ruf ihrer Menschen zu folgen?

Das liegt sehr oft an den Menschen selber. Viele Hundehalter überhören, besonders beim ersten Hund, die Warnungen der Hundeschule. Denn jede/r gute TrainerIn wird Ihnen klar und deutlich mitteilen, dass sich spätestens dann im Gehorsam was tut – in der Regel leider zu unseren Ungunsten –, wenn Ihr Liebling in die Pubertät kommt. Wenn Sie bis dahin keine gute Grundlage gelegt haben und leichtsinnigerweise geglaubt haben, dass Ihr Herzchen die große Ausnahme ist, haben Sie ein Problem.

Hunde sind, wenn sie unbeeinflusst von Menschen leben, manchmal allein, oft auch in Gruppen unterwegs. Das könnten Mütter mit ihren Welpen und älteren Kindern sein, das können Gruppen sein, die sich als Streuner und Straßenhunde zusammen tun, da dann das Überleben leichter ist, das können auch zeitweise Interessengemeinschaften sein, z.B. Dorfhunde, die den Tag zusammen verbringen oder auch mal nachts ausbüxen und auf die Jagd gehen. Hunde, die mit mehreren Artgenossen in menschlichen Familien leben, verbringen auch die Tage zusammen und unternehmen viele Dinge gemeinsam: Fußgänger und Autos am Zaun verbellen, Katzen vom Hof jagen, mit ihren Menschen in Haus und Hof unterwegs sein, zusammen spazieren gehen ...

Sie können Zusammenarbeit und Kooperation in Hundegruppen in vielen Situationen beobachten. Ein großartiges Beispiel gab es bis vor wenigen Jahren bei uns im Dorf. Da war auf so gut wie jedem Gehöft mindestens ein Hund, teilweise auch zwei oder mehr. Wir wohnen ganz am Ende und wenn am Ortseingang jemand ankam, der durch wollte und den Hunden komisch vorkam, wurde das per Buschtrommel gemeldet. Man konnte sehr genau hören, wo sich der Fremdling befand, bis er bei uns ankam oder vorbeifuhr. Meistens handelte es sich um große Holzlaster, landwirtschaftliche Fahrzeuge, Mopeds oder Radfahrer, Autos waren anscheinend nicht im Programm. Das funktionierte auch in die andere Richtung, dann waren unsere Hunde diejenigen, die als erste Bescheid gaben.

Hunde sind also sehr wohl in der Lage, sich gegenseitig vokale Botschaften zukommen zu lassen, sie können sich rufen und sie reagieren auch sehr prompt und zuverlässig. Das üben sie bereits im Welpenalter, wenn sie immer um ihre Mama rumwuseln. Sie sind je nach Alter selten weiter weg als fünf bis zehn Meter. Je älter sie werden, umso größer wird die Entfernung, bis sie irgendwann selbständige Erkundungen unternehmen. Die Mutter wird sie das machen lassen. Solange sie klein und schutzbedürftig sind, wird sie die Kinder über einen gewissen Radius nicht hinauslassen. Aber in der Regel muss sie sich da nicht viel kümmern, das läuft einfach, wie in einer menschlichen Familie eben auch.

Wir halten hier Wache und keiner kommt rein!

Genau zu der Zeit, wenn sich große Erkundungsfreude in Ihrem Liebling breit macht und er begeistert die Welt entdecken will, dann hört er eben nicht mehr auf Ihre Rufe. Das finden Sie im Gegensatz zu seiner Mutter nicht gut. Sie müssen sich aber darüber im Klaren sein, dass es ein Zeichen von mangelndem Selbstbewusstsein und Selbstvertrauen wäre oder auch auf „Training zur erlernten Hilflosigkeit" wie oben beschrieben hinweist, wenn Ihr Hund nicht irgendwann auf eigene Erkundungen aus geht. Es spricht für Ihre Erziehung und für Ihren Umgang, wenn Ihre Pelznase sich von Ihnen mehr und mehr entfernt und neugierig ist. Sehen Sie es also nicht allzu tragisch, das bekommen Sie schon noch hin. Ein heißer Tipp kann sein: Nehmen Sie doch teil an seinen Erkundungen. Wenn Sie ihn mit einer vernünftigen Leine absichern, kann ja nichts passieren. Für Sie kann das aber neue und spannende Erkenntnisse bringen.

3. Junghunde – Wegen Umbau geschlossen

Also: auch Hunde kommen in die Pubertät. Erinnern Sie sich noch, wie Sie da selber drauf waren? Für die einen ist es einfach eine schwierige Phase, von der die Außenwelt aber gar nicht so viel merkt, bei den meisten – und das gilt auch für Hunde – leiden die betroffenen Mitmenschen und -hunde sehr darunter – also wir und die anderen Hunde, die in unserem Haushalt leben.

Pubertät bedeutet zunächst nichts anderes, als dass der Hund geschlechtsreif wird. Aber es bedeutet auch, dass sich der Körper und das Gehirn umstellen. Es beginnt ein vollkommen neuer Lebensabschnitt. Während der Hund bis jetzt einfach nur ein süßes Kindchen war, das von Ihnen umsorgt und geliebt wurde, das alles richtig machen wollte und genau auf Sie geachtet hat, beginnt jetzt die wichtige Phase der Selbständigkeit, der Eigenständigkeit und auch der Auflehnung. Das gilt für Hunde wie für Menschen. Die gute Nachricht: Es geht deutlich schneller als bei Ihren Kindern. Wenn es ganz schlimm kommt, dauert die Hundepubertät vielleicht ein Jahr, in der Regel haben Sie das Schlimmste nach einem halben Jahr überstanden.

Es ist eigentlich nicht normal, dass Hunde lebenslang bei ihren Eltern bleiben, auch nicht bei Ihnen, den Ersatzeltern. Wie alle Säugetiere lösen sie sich irgendwann aus der elterlichen Abhängigkeit und beginnen ein eigenes Leben zu führen. Das ist für uns nicht unbedingt angenehm und bei Hunden wird die Ablösung auch unterbunden, sie sollen ja definitiv ihr Leben bei und mit uns verbringen. Deshalb müssen Sie da durch und viel Verständnis aufbringen, was jetzt gerade passiert. Was Ihnen auch klar sein sollte: Er hat nichts gegen Sie, er will Ihnen nicht persönlich zu nahe treten – er kann momentan nicht anders. Wenn Sie sich also beleidigt oder gekränkt fühlen und denken, er hat Sie nicht lieb, weil er Ihrem Rufen nicht folgt, dann sollten Sie wieder an Ihre eigene Pubertät denken. Haben Sie Ihre Eltern da nicht mehr geliebt?

Selbständig und erwachsen kann man nur werden, wenn man das, was man kennt, in Frage stellt. Und das sind im Falle Ihrer Pelznase eben Sie und andere Autoritäten in seinem Leben. Das können andere Familienmitglieder sein, die Hundetrainerin, die Hundekumpels... wie im richtigen Leben. Damit Ihr Freund eine stabile Persönlichkeit entwickeln kann, darf man jetzt nicht zu viel verlangen, sollte unnötige Auseinandersetzungen vermeiden und schon gleich gar keinen Gedanken darauf verschwenden, dass jetzt Machtspielchen ausgetragen werden, bei denen Sie unbedingt die Oberhand behalten müssen. Das haben Sie nicht nötig, denn Sie wissen, dass das nur eine Phase ist, die vorüber geht. Und da sind Sie Ihrem Liebling deutlich überlegen, der wie alle Pubertiere denkt, er sei der Mittelpunkt der Welt.

Dazu kommt, dass in die Zeit der Pubertät mindestens eine, manchmal auch zwei Fremdelphasen fallen. Fremdelphasen bedeuten nichts anderes, als eine Zeit der erhöhten Vorsicht nach einer Zeit der erhöhten Erkundungsfreude. Um sich nicht zu gefährden vor lauter jugendlichem Überschwang und um das Gelernte gründlich zu verarbeiten, sind die Fremdelphasen da. Die erste erfolgt in der 9. Woche und dauert eine Woche, die zweite tritt ca. mit 4,5 Monaten ein, die dritte mit ca. 9 Monaten, die vierte mit ca. 15 Monaten und eine eventuelle fünfte mit ca. 2,5 Jahren. Ab der zweiten Fremdelphase muss man mit einer Dauer von zwei bis drei Wochen rechnen.

In dieser Zeit, wenn die Fremdelphasen mit der Pubertät zusammen auftreten, geht manchmal gar nichts mehr. Man denkt, man hat einen anderen Hund. Manche Hunde stellen alles ein, was sie jemals beherrscht haben, sie ziehen wie verrückt an der Leine, kommen mit keinem Artgenossen mehr klar, rennen einen ständig über den Haufen und abrufen, na, das haben wir wirklich und wahrhaftig noch nie gemacht!

Mit ein bisschen Glück ist Ihr Bello nicht ganz so dramatisch drauf, Hündinnen sind in der Regel auch jetzt etwas leichter zu handhaben. Aber stellen Sie sich auf das Schlimmste ein, dann können Sie nur positiv überrascht werden. Falls Sie schon mitten drin sind, atmen Sie tief durch, zählen Sie bei jeder Wahnsinnsaktion Ihres Herzchens bis zehn und denken Sie sich ein gutes Mantra aus. z.B. „alles geht vorüber". Das sagen Sie sich jedes Mal vor und – versprochen – genau so ist es. Es geht vorbei. Die Zeit, die Sie jetzt investieren, und die Geduld, die Sie jetzt aufbringen, bekommen Sie tausendfach im Anschluss zurück in Form eines selbstbewussten und folgsamen Hundes.

Fahren Sie alles mehrere Stufen zurück, üben Sie die Grundübungen wieder, als hätten Sie das noch nie gemacht, nehmen Sie supertolles Futter zur Belohnung, tun Sie alles, um Bello und Susi zu überzeugen, dass Zusammenarbeit immer noch die beste aller Lösungen ist. Wenn Ihr Kleiner bis jetzt beim ersten Abrufsignal immer aber auch wirklich immer angedüst kam, dann sollten Sie jetzt genau aufpassen, wann Sie ihn rufen, damit Sie ihr Signal nicht wirkungslos machen. Lassen Sie ihn lieber an der Leine, gehen viel mit Schleppleine spazieren und leinen ihn nur dann ab, wenn Sie ganz sicher sind, dass er kommen wird und dass nichts passieren kann. Und was hindert Sie daran, manche seiner unmöglichen Aktionen einfach als das zu nehmen, was sie sind: der oft sehr komische Versuch, sich unserem Druck zu entziehen? Manche Hunde machen einfach nur ein riesiges Geschisse, hopsen rum und benehmen sich einfach zu albern, wenn sie kommen sollen. Warum machen Sie nicht einfach mit? Hopsen auch ein bisschen, lachen und freuen sich mit ihm, dass er jetzt eine so sagenhaft gute Idee hatte, aus dem blöden, langweiligen Herankommen und vielleicht auch noch Anleinen eine lustige Aktion zu machen? Zugegeben, die Passanten, die Sie beobachten, werden das vermutlich albern finden. Das braucht Sie nicht zu stören. Ein alter Hundetrainerspruch heißt: Wenn deine Nachbarn dich für verrückt halten, dann machst du's mit einem Hund genau richtig.

Vielleicht hilft Ihnen eine kleine Anekdote von meinem Kromfohrländer Fritzi, das ist jetzt ungefähr 20 Jahre her. Auf Anraten der Züchterin besuchten wir zur Vorbereitung der Begleithundeprüfung die Kurse in einem konventionellen Verein. Ich bemühte mich, alles so nett und freundlich zu machen wie es nur irgendwie ging. Fritzi machte ganz eifrig bei allem mit, Kromis sind so – normalerweise. Am 18. Dezember 1999, er war sieben Monate alt, wurde eine Art Vorprüfung für die BH abgenommen und wir waren die Besten im Kurs. Können Sie sich vorstellen, wie stolz ich war? Meine Begeisterung dauerte genau bis zum nächsten Morgen – da war nämlich Schluss mit lustig. Mein kleiner Mann hatte von jetzt auf gleich beschlossen, dass es jetzt reicht mit der Lernerei, ab sofort hatte er andere Prioritäten. Leider waren die Trainer in diesem Verein alles andere als kompetent und gaben mir ziemlich absurde Ratschläge. Dabei hätte ich einfach nur abwarten und bestimmte Situationen vernünftig regeln müssen. Aber das ist hier nicht das Thema. Es trifft einfach jeden, auch Musterschüler.

Mein Fritzi war der absolute Traumhund. Er hat bei mir gelebt bis kurz vor seinem 14. Geburtstag und ist am 29. Januar 2013 friedlich zwischen mir und meinem Mann eingeschlafen. Wenn man von der kurzen Phase der Pubertät absieht und von meiner damaligen Unfähigkeit, meinen Hund zu verstehen, dann hatten wir die beste und liebevollste Beziehung, die ein Mensch mit seinem Hund nur haben kann. Also, bleiben Sie dran – alles geht vorüber.

Vorbilder sind wichtig für Welpen

Der Rückruf muss bereits mit Welpen freundlich trainiert werden

Aus so einer Situation sollte man Hunde besser nicht abrufen

4. Und wenn er schon erwachsen ist ...?

Das kann zugegebenermaßen schwierig werden, aber auch das sollte man hinkriegen. Haben Sie ihn als Welpen bekommen und bis heute klappt es mit dem Abrufen nicht so richtig, dann gehen Sie doch einfach nochmal die Liste am Anfang durch und überlegen Sie sich, was die Ursache sein kann. Im Kapitel „Trainingsaufbau und Trainingsfallen" finden Sie jede Menge praktische Trainingsanleitungen, wie man einen guten Rückruf aufbaut. Sollten Sie sich definitiv nicht (mehr) zutrauen, das selber hinzubekommen, dann suchen Sie sich eine gewaltfrei arbeitende Hundeschule. Am Ende des Buches finden Sie einen Link zur Seite vom Gewaltfreien Hundetraining, evtl. ist ja eine Kollegin ganz in Ihrer Nähe. Geben Sie nicht auf, Hunde sind bis ins hohe Alter lernfähig. Wie sonst wäre es möglich, einen erwachsenen Hund aus dem Tierschutz zu adoptieren und ihm noch alles beizubringen, was für sein Leben mit Ihnen braucht?

Bei einem Hund, der schon erwachsen war, als er bei Ihnen eingezogen ist, müssen Sie ein paar Punkte berücksichtigen, ehe Sie mit Training beginnen.

Hunde aus zweiter Hand, egal wo sie herkommen, müssen erst mal ankommen. Punkt. Lange Pause. Sollte dieser Hund bislang, was eine äußerste Seltenheit wäre, bei Ihrem unmittelbaren Nachbarn gelebt haben und er war sowieso mehr bei Ihnen als beim Nachbarn, dann gilt das natürlich nicht. Aber in der Regel hat ein Hund, der von seinem alten Zuhause weg musste, einen schweren Schock erlitten. Das gilt auch für Hunde aus dem Tierschutz, Inland und Ausland. Mit diesen Hunden wird „gemacht". Sie haben die Kontrolle über ihr Leben verloren und kennen sich überhaupt nicht mehr aus. Mit so einem Hund sofort mit Gehorsamsübungen anzufangen, ist vollkommen widersinnig. Der hat keinen Kopf für sowas.

Als erstes muss er die neue Heimat kennenlernen, dann Ihren Tagesablauf, alle Menschen, die bei Ihnen leben oder regelmäßig zu Besuch kommen, evtl. leben bei Ihnen noch andere Hunde oder Sie haben Katzen, Vögel, Meerschweinchen... Er muss unterscheiden: Wer gehört zur Familie, wer wohnt nur nebenan. Das neue Futter ist gewöhnungsbedürftig, die Umgebung ist vollkommen fremd und er muss erst lernen sich zu orientieren. UND: Er sollte von der ersten Minute an verstehen, dass er herzlich willkommen ist. Sie haben sich in ihn verliebt, ihm waren Sie bislang nicht nur unbekannt, sondern vermutlich auch gleichgültig. Er wurde egal aus welchen Umständen herausgerissen und da kann das nicht klappen, dass er sich gleich zu Hause fühlt und bereit ist für Gehorsamsübungen, die Sie sich in den Kopf gesetzt haben.

Anton hört und sieht nicht mehr gut, aber er gibt sich viel Mühe

Das ist nicht viel anders, als wenn Sie von jetzt auf gleich nach China gebeamt werden, weil ein Menschenfreund aus China Sie adoptieren möchte. Gefragt werden Sie natürlich nicht, denn der Chinese, der ein sehr netter Mensch ist, findet, Sie leben unter unwürdigen Bedingungen und er möchte Ihnen helfen. Und auf einmal sind Sie in China, sprechen kein Wort Chinesisch, kennen das Essen nicht, kommen mit dem Klima nicht klar, die allgemeinen Gewohnheiten.... Vielen Dank, werden Sie sagen, so gerne wollte ich gar nicht gerettet werden.

Genauso geht es einem Hund aus dem Tierschutz. Selbst wenn das, was er kennt, richtiger Mist ist, dann ist dieser Mist vertraut und er kommt mehr oder weniger damit klar. Für ihn ist nicht sicher, dass es bei Ihnen tatsächlich besser wird. Und er hat leider ziemlich oft recht. Jede Menge Hunde werden nach wenigen Tagen oder Wochen wieder zurück ins Tierheim oder zur Pflegestelle gebracht, weil „es nicht passt". Die Hunde werden da nicht gefragt. Es sind die Menschen, die es „nicht passend" finden. Das können die oft schon nach wenigen Stunden und Tagen feststellen. Frage: Wie viel

Mühe hat sich jemand gegeben, um einen Hund wirklich zu verstehen und kennen zu lernen, wenn er nach so kurzer Zeit schon feststellt, dass er eine falsche Entscheidung getroffen hat? Nicht so richtig viel vermutlich.

Also lassen Sie sich bitte Zeit. Sichern Sie ihn mit einem guten Sicherheitsgeschirr, einer stabilen Leine und eventuell einer zweiten Leine an einem breiten, weichen Halsband, das nur zur Sicherheit dient, nicht zum Führen. Zeigen Sie ihm die ersten Wochen in aller Ruhe in kleinen Schritten die nähere Umgebung, damit er weiß, wo er zuhause ist und damit er heim findet, falls er mal ausbüxt. Loben Sie ihn einfach dafür, dass er bei Ihnen ist. Freuen Sie sich mit ihm an allen kleinen Erfolgsschrittchen, die er macht, für alles, was er sich heute zutraut, was gestern noch nicht ging ... Zeigen Sie ihm deutlich, dass er ab sofort innig geliebt wird, einfach dafür, dass er da ist. Und dann fangen Sie ganz allmählich mit ganz wenigen und einfachen Alltagsübungen an, die ihm auch wieder beweisen, wie schön es in Ihrer Nähe ist und wie sehr Sie ihn lieben. Helfen Sie ihm, wenn er ein Problem hat. Und wenn Sie merken, dass der Anfangsstress nachlässt, in der Regel nach einigen Wochen, dann zeigen Sie ihm, wie der Rückruf ganz sicher klappt. Der Aufbau ist nicht anders als für einen Welpen oder Junghund.

Für einen Hund, der bei Ihnen aufgewachsen ist und der den Rückruf noch nicht beherrscht, gilt: Sie führen langsam, sorgfältig und freundlich wie weiter hinten beschrieben die Rückrufübungen durch und lassen sich viel Zeit. Vielleicht gehört er zu den Kandidaten, die überwiegend an der Leine laufen müssen, dann üben Sie eben alles an der Leine. Bei entsprechend sorgfältigem Aufbau ohne Zeitdruck kann sich das ja vielleicht ändern.

5. Strafe oder Lob?

Eigentlich weiß es mittlerweile jeder: wenn ein Hund kommt, muss er immer, immer, immer gelobt werden. Auch wenn es einem noch so schwer fällt. Trotzdem sieht man immer wieder Menschen, die ihren Hund nicht mal registrieren, wenn er zu ihnen kommt, geschweige denn, dass sie ihn loben, wenn sie ihn gerufen haben.

Hunde sind aber wie Menschen: Wenn sich eine Handlung nicht lohnt, dann stellen sie sie ein.

Denken Sie an Ihren Welpen. Sie haben ihn gerade von seiner Mama weg geholt und er läuft Ihnen auf Schritt und Tritt hinterher. Anstatt sich darüber zu freuen und dem Kleinen den Aufenthalt in Ihrer Nähe schön und angenehm zu machen, reagieren die meisten so:

- sie beachten ihn gar nicht
- sie stolpern dauernd über ihn, weil sie anderweitig beschäftigt sind
- sie rufen ihn nur, um ihn anzuleinen
- sie leinen ihn überhaupt nie an, weil er ja sowieso da ist, aber wenn er dann ein halbes Jahr alt ist und die Welt erkunden möchte, dann muss er ständig an der Leine laufen
- wenn sie ihn rufen, hört er im besten Fall: na, wo bleibst du denn so lange!
- wenn sie lange auf ihn gewartet haben, kriegt er erst mal eine mit der Leine, damit er das nächste Mal weiß, dass er schneller zu kommen hat.

Sie meinen, das ist übertrieben? Ich kann Ihnen versichern, das ist der ganz normale Hundealltag: Erst wird dem Hund nicht beigebracht, was Herrchen / Frauchen von ihm will und dann wird er bestraft, weil er etwas nicht oder nicht richtig macht, das ihm nie ordentlich gezeigt wurde.

Strafe funktioniert grundsätzlich nur, wenn sie

- zum richtigen Zeitpunkt erfolgt, also genau in dem Moment, wo das unerwünschte Verhalten auftritt und keine Sekunde später,
- genau richtig dosiert ist (wenn Sie zu heftig strafen, bekommt Ihr Hund nur Angst vor Ihnen, wenn die Strafe zu milde ausfällt, wirkt sie nicht)

- immer erfolgt, wenn das unerwünschte Verhalten auftritt. **Immer.** Nicht nur ab und zu.

Können Sie das? Ich nicht. Ich weiß, dass ich mindestens 30% aller Situationen gar nicht mitbekomme, wo mein Hund theoretisch bestraft werden müsste (wenn ich so arbeiten würde!), also bin ich von vornherein zum Misserfolg verdammt. Kein Mensch kann ununterbrochen wie ein Geier über seinen Hund wachen, ob er auch alles so macht, wie mensch es sich einbildet. Das ist einfach nicht möglich, und zwar schon deshalb, weil Sie gar nicht immer vor Ort sind, wenn ein von Ihnen definiertes Fehlverhalten auftritt. Im Grunde funktioniert das wie zu schnelles Fahren. Sie wissen genau, dass in dieser Ortschaft manchmal die Polizei steht und manchmal nicht. Also lassen Sie es immer wieder darauf ankommen. Noch dazu sind Sie sich sicher, dass entgegenkommende Autos Sie warnen. Da freuen Sie sich dann drüber, wenn Sie die Polizei ausbremsen können. Wenn Sie wüssten, dass immer und sofort ein Reifen platzt, wenn Sie zu schnell fahren, dann bekämen Sie nie ein Knöllchen. So ist der Mensch nun mal. Und warum sollte Ihr Hund anders sein?

Und was ist überhaupt ein „Fehlverhalten"? Wer legt fest, was falsch und was richtig ist? Im Falle Ihres Hundes sind das Sie und sonst niemand. Vielleicht lassen Sie sich etwas aufzwingen. Dann muss Ihr Hund etwas machen, das Ihnen vielleicht egal ist, aber Ihr Schwiegersohn zum Beispiel ist davon überzeugt, dass jeder Hund perfekt bei Fuß gehen können muss und wehe, er macht das nicht! Dann – davon ist Ihr Schwiegersohn überzeugt – muss er sofort und ohne zu Zögern hart bestraft werden, sonst kapiert er nicht, was wir von ihm wollen. Ach, wirklich?

Sie definieren also, wann Ihr Hund etwas in Ihrem Sinne richtig macht und deshalb maßen Sie sich das Recht an, ihn zu bestrafen, wenn er es falsch macht. Nett, wirklich nett. Wenn Sie erfahren, was durch Strafe alles angerichtet wird, dann denken Sie hoffentlich um und wenn Sie sowieso schon der Meinung sind – zum Glück für Ihre Pelznase –, dass Strafe nicht sinnvoll ist, dann bekommen Sie jetzt Argumente an die Hand.

Selbst wenn Sie sich entscheiden, mit Strafe zu arbeiten, wie wollen Sie das umsetzen? Wenn Ihr Hund zu Ihnen kommt, müssen Sie ihn loben, sonst kommt er nicht mehr, bzw. er weiß ja dann gar nicht, was Sie tatsächlich von ihm wollen. Sie könnten sich also allerhand Dinge ausdenken, um ihn zu erschrecken oder um ihm Schmerzen zuzufügen, damit er lieber zu Ihnen kommt. Nachdem alle möglichen heißen Tipps über solche Methoden in der Welt kursieren, wollen wir uns mal einige dieser Möglichkeiten ansehen.

1. „Seit ich mich verstecke, wenn er nicht kommt, lässt er mich nicht mehr aus den Augen."

Sich von seinem Hund suchen zu lassen, kann ein lustiges Spiel sein. Es als „Strafe" zu benutzen, wenn er auf mein Rufen nicht kommt, ist ein Schuss in den Ofen.

Gehen wir wieder zu Ihrem Welpen. Er ist gerade damit beschäftigt, einen Schmetterling zu bestaunen. Noch nie in seinem Leben hat er so was Tolles gesehen. Sie möchten aber weitergehen und rufen ihn. Er hört sie nicht, definitiv nicht, weil er so beschäftigt ist mit dem Schmetterling, dass alle seine Sinne darauf konzentriert sind. Also verstecken Sie sich.

Wenn Sie ihn beobachten können, werden Sie feststellen, dass er irgendwann aus seiner Trance aufwacht, er sieht sich um und sucht Sie. Und Sie sind weg. Also rennt er durch die Gegend und sucht Sie. Um Gottes Willen! Frauchen / Herrchen ist weg! Die Welt geht unter! Lachen Sie nicht! Die Welt geht für den kleinen Kerl wirklich unter. Nie im Leben hätte ihn seine Mama einfach so allein in der Welt stehen lassen. Es könnte ja sein, dass irgendein Feind vorbeikommt und ihn frisst! Würden Sie das Risiko eingehen, dass Ihr Kind gefressen wird? Nur weil es nicht gleich kommt, wenn Sie rufen? Eine Hundemama geht dieses Risiko ganz sicher nicht ein. Und der Kleine weiß das. Umso weniger versteht er, dass Sie auf einmal weg sind. Übergroß ist die Erleichterung, wenn er Sie gefunden hat. So ein Glück! Er muss doch nicht sterben.

Glauben Sie mir. Ich übertreibe nicht. Ein kleiner Hund weiß, dass er allein nicht überleben kann. Wenn Sie so eine Aktion ein paar Mal gemacht haben, werden Sie merken, dass Ihr Hund tatsächlich nicht mehr von Ihrer Seite weicht. Großartig, werden Sie denken. Und sich vielleicht insgeheim als Hundeflüsterer fühlen. Was aber ist tatsächlich passiert?

Sie haben Ihrem Hund beigebracht, dass die Welt außerordentlich gefährlich wird, sowie er Sie aus den Augen verliert. Vielleicht hat ihn etwas in

Angst und Schrecken versetzt, und Sie waren nicht da, um ihn zu beschützen. Er lernt also: Welt erkunden ist gefährlich, ich bleib besser bei meinem Menschen. Ihr Hund verliert seine Erkundungsfreude und hängt Ihnen mehr am Bein. Wenn Sie ganz großes Pech haben, überträgt er dieses Gefühl auf alle Situationen, in denen Sie ihn allein lassen, evtl. allein lassen müssen. Und er bleibt Ihnen nie wieder allein zu Hause oder im Auto. Bei manchen Hunden geht das so weit, dass für sie „alleine bleiben" bedeutet, ihr Mensch ist nicht da, egal wer sonst noch anwesend ist. Sie haben ihn zu Unselbständigkeit, erlernter Hilflosigkeit und Trennungsangst erzogen.

2. „Stellen Sie jemanden in ein Versteck, und wenn Ihr Hund nicht auf Ihr Rufen kommt, springt die Person raus und geht brüllend auf ihn los!"

Sie haben im Prinzip zwei Möglichkeiten, wie Ihr Hund reagiert und alle möglichen Variationen daraus. Und alle sind einfach nur toll.

Möglichkeit 1: Ihr Hund ist schon etwas älter, kein Welpe und kein Junghund mehr, sagen wir 2 Jahre. Er ist sehr selbstbewusst und lässt sich nicht so leicht beeindrucken. Wenn er sich jetzt tatsächlich sehr sicher fühlt, kann es schon sein, dass er eine derart massive Bedrohung abwehren will, vielleicht möchte er Sie sogar beschützen. Und er wird auf den Angreifer losgehen. Wenn er die Situation entsprechend verknüpft, wird er in Zukunft oft und gerne auf alle losgehen, die ihn irgendwie an diese Situation erinnern. Ich hatte mal einen Rottweiler an der Schulter hängen, der mochte keine Menschen in schwarzer Jacke und mit Kapuze auf dem Kopf. Dem war so etwas begegnet. Ich kann Ihnen versichern, es war nicht lustig, weder für mich, noch für Herrchen. Und auch für den Hund nicht.

Möglichkeit 2: Ihr Hund ist sehr unsicher, vielleicht ist er so ein Typ, vielleicht ist er noch sehr jung, vielleicht ist er in einer schwierigen Phase, z.B. in einer Fremdelphase. Er wird maßlos erschrecken und auf und davon rennen. Mit viel Glück in Ihre Richtung, weil Sie gerade mal dastehen und auch noch rufen, aber vielleicht auch voller Panik irgendwohin. Vielleicht verknüpft er den Ort mit diesem Schrecken, vielleicht diese Art von Personen, vielleicht auch ein vorbeifahrendes Auto, vielleicht Sie, vielleicht, vielleicht, vielleicht ... Es gibt unendlich viele Möglichkeiten, was sich Ihr Hund ausdenkt, was an diesem schrecklichen Erlebnis schuld war. Sie absolvieren auf alle Fälle mit ihm ein wunderbares Training für Fehlverknüpfungen. Möchten Sie das wirklich?

3. Verunsicherung auf Distanz

Dieses Training ist nach wie vor leider üblich, um Hunden das Herankommen auf Signal beizubringen. Und das geht so: Sie hängen an das Halsband oder Geschirr Ihres Hundes eine Schleppleine von 10 Metern und gehen mit Ihrem Hund los. Wenn er anfängt, sich etwas schneller von Ihnen zu entfernen, rufen Sie ihn, drehen auf der Stelle um und rennen in die andere Richtung. Die Leine haben Sie natürlich in der Hand. Ihr Hund wird jetzt, ob er will oder nicht, gezwungen, mit Ihnen mitzukommen, oder er wird hinterhergeschleift. Wenn er nicht sofort mitbekommt, was da abgeht, rennt er voll in die Leine, und zwar gleichgültig, ob er vielleicht gerade umdrehen, stehenbleiben oder in die andere Richtung laufen wollte. Wenn Sie und Ihr Hund richtig Pech haben und die Leine ist an einem Halsband befestigt ist, brechen Sie ihm das Genick. Deshalb empfehlen Verfechter dieser Methode mittlerweile doch das Brustgeschirr.

Sie wissen jetzt schon, dass er wieder alles Mögliche lernt, aber nicht unbedingt, was Sie wollten. Er wird z.B. den unangenehmen Ruck und das Nachgeschleiftwerden mit der Frau mit dem Kinderwagen verbinden, die gerade vorbeigeht. Oder kriegt panische Angst, was ihm alles zustoßen kann, wenn er sich zu weit von Ihnen entfernt. Aber was ist zu weit? Also bleibt er immer in Ihrer Nähe und traut sich nichts mehr. Möchten Sie einen ängstlichen Hund, der zu ängstlich ist die Welt zu erkunden, nur weil ihn dann vielleicht der Blitz trifft?

4. Sie kaufen sich ein Masterplus oder ein Teletaktgerät, da Sie gehört haben, dass der Hund nach einmaliger Anwendung sofort zu Ihnen kommen wird.

Masterplus ist die etwas harmlosere Variante – aber nicht harmlos. Der Hund bekommt ein Kästchen um den Hals gehängt und Sie haben den Sender in der Hand. Wenn er nicht kommt und Sie drücken auf den Sender, wird ihm irgendwas vor die Nase gesprüht: Wasser mit und ohne Duft, jedenfalls eine Flüssigkeit. Das soll ihn erschrecken und dazu bewegen, umzudrehen. Manchmal klappts, manchmal nicht. Sehr schreckhafte Hunde können tatsächlich wieder ein „schönes" Training für Fehlverknüpfung mitmachen, sehr selbstbewusste Hunde lachen drüber. Außerdem kann es durch andere Sender ausgelöst werden, z.B. Handys, oder auch durch Erschütterungen. Das bedeutet, dass es u.U. ausgelöst wird, wenn Ihr Hund gerade etwas ganz Harmloses macht oder im ungünstigen Fall zu Ihnen kommt. Dann wird er bestraft dafür, dass er gefolgt hat. Keine gute Idee.

Eine Kollegin von mir, die eine Zeitlang viele derart gefolterte Hunde im Training hatte, gewöhnte sich an, immer, wenn ein Hund mit den entsprechenden Symptomen zum Erstgespräch kam, eine Mineralwasserflasche in seiner Gegenwart zu öffnen. Die überwiegende Mehrheit dieser Hunde bekam sofort einen Riesenschreck, manche gerieten regelrecht in Panik. Das ist auch logisch. Denn wenn Sie den Schraubverschluss öffnen, ertönt ein zischendes Geräusch genau wie beim Masterplus, und das soll den Hund ja so erschrecken, dass er sofort zu Ihnen kommt. Diese armen Hunde wussten gar nicht, was jetzt schon wieder los war und warum sie bestraft wurden. Möchten Sie zukünftig darauf achten müssen, dass Ihr Vierbeiner nicht in Ihrer Nähe ist, wenn Sie eine Flasche öffnen? Nein? Dann lassen Sie diesen Unfug einfach bleiben, der Erfolg ist mehr als zweifelhaft, unter Umständen zahlen Sie viel Geld um die Spätfolgen zu therapieren und außerdem kostet dieses Teil deutlich über € 100,00.

Noch eine ganz andere Nummer ist das Teletakt, bzw. Stromreizgeräte. Nicht dass ich Ihnen dazu raten würde, denn hier handelt es sich eindeutig um eine tierquälerische Maßnahme, im Klartext foltern Sie Ihren Hund. Die Anwendung ist in Deutschland für alle und jeden verboten, auch für Polizisten, Jäger und Hundetrainer. In den Literaturhinweisen finden Sie ein Gutachten, das der VDH über die Verwendung von Teletakt-Geräten hat erstellen lassen. Dr. Dorit Urd Feddersen-Petersen hat hier nachgewiesen, dass der Einsatz dieser Geräte nicht nur sinnlos, sondern auch eindeutig tierschutzrelevant ist. Sie haben nicht nur wieder jede Menge Möglichkeiten, Fehlverknüpfungen zu produzieren, sondern quälen Ihren Hund dabei. Es wird immer wieder behauptet, dieser Stromschlag wäre gar nicht so schlimm und täte auch nicht weh. Wenn das so wäre: warum setzt man Strom dann überhaupt ein? Zudem ist es ein großer Unterschied, ob man sich selber so ein Ding anlegt und auf den Schmerz gefasst ist, oder ob der Hund überhaupt nicht weiß, wann und warum ihn der Schlag trifft. Dazu kommt, dass Schmerzempfinden sehr individuell ist. Was der eine als harmloses aber nerviges Kitzeln empfindet, ist für den anderen die Katastrophe. Googeln Sie einfach die Begriffe „Folter" und „Strom". Wer dann noch glaubt, dass Stromreizgeräte harmlos sind, hat offenbar kein Problem mit Folter. Denn wer diese Geräte einsetzt, foltert seinen Hund und nimmt billigend in Kauf, dass sein Hund lebenslang dieses Gerät tragen muss, da die Hunde sehr wohl unterscheiden können, ob sie an ihr Foltergerät angeschlossen sind oder nicht.

Im Jahr 2003 erging ein Urteil des Bundesgerichtshofes, in dem festgestellt wurde, dass die Verwendung von Stromreizgeräten zu Zwecken der Hundeausbildung nach geltendem Tierschutzrecht grundsätzlich verboten ist. Auch besondere „Sachkunde" des Benutzers ändert daran nichts. Wenn Ihnen jemand erzählt, dass er aufgrund seines Sachwissens, z.B. weil er Jäger, Polizist, Tierarzt oder Hundetrainer ist, diese Foltergeräte verwenden darf, dann machen Sie ihn darauf aufmerksam, dass er sich genauso strafbar macht, wie jeder andere Verwender.

Und jetzt kommt meine Frage: Was wollten Sie Ihrem Hund beibringen?

Sie wollten, dass er freudig kommt, wenn Sie ihn rufen.

Mit dem, was Sie tatsächlich erreicht haben, hat das nichts zu tun. Sie haben ihm jede Menge Probleme bereitet, ihm Schmerzen zugefügt, ihn zu erlernter Hilflosigkeit erzogen und im – für Sie – günstigsten Fall traut er sich nicht mehr von ihnen weg oder kommt sofort angekrochen, sobald Sie ihn rufen. Wollen Sie das wirklich?

Ich denke, es ist klar geworden, dass man mit Strafe nicht wirklich erfolgreich seinem Hund zeigt, wie er freudig zu Herrchen / Frauchen kommen kann. Mit Druck und Strafe erreichen Sie ziemlich sicher, dass Ihr Hund voller Angst mehr oder weniger angekrochen kommt. Oder dass er sich nichts mehr traut. Oder dass er in Panik gerät oder eine Riesenwut auf irgendwelche Objekte oder Menschen hat, mit denen er den Schmerz oder Schreck verknüpft.

Vielleicht müssen Sie auch die Strafe ständig wiederholen, weil Ihr Hund zu der Sorte gehört, die leicht abstumpfen. Man gewöhnt sich an alles, auch an Schmerz und Schreck. Dann müssen Sie permanent Gewehr bei Fuß sein, dass Sie ja nicht übersehen, ob Ihr Hund einen Fehler macht, ob der alte Strafreiz noch wirkt, ob Sie etwas hinzufügen müssen ... Glauben

Sie wirklich, dass das der Beziehung zu Ihrem Hund gut tut? Zudem warten Sie immer auf das – von Ihnen definierte – Fehlverhalten: Hund kommt nicht, wenn ich rufe, und läuft eventuell sogar von mir weg. Die Wahrscheinlichkeit, genau zum richtigen Zeitpunkt den Knopf zu drücken, bzw. die richtige Strafe im richtigen Mass einzusetzen, ist äußerst gering ist, da wir ja viel langsamer sind als unsere Hunde – wenn ich auf den Knopf drücke, ist der Hund schon lange durchgestartet. Ich trainiere damit also nicht den Rückruf, sondern strafe den Hund fürs Hinlaufen zu einem für ihn in dem Moment höherwertigen Reiz. Das ist ein gewaltiger Unterschied!

Ein ganz wichtiger Grund, ohne Strafe und Druck zu arbeiten, ist, dass Strafe und Druck Stress erzeugen und Stress vermindert die Lernfähigkeit erheblich. Ohne Druck, in einer entspannten Atmosphäre kann Ihr Hund sich auf die gestellte Aufgabe konzentrieren und das Gelernte verarbeiten, ohne dass er pausenlos Angst haben muss etwas falsch zu machen und bestraft zu werden.

Mit Freude am Gehorchen und mit Freundschaft hat das alles nichts zu tun. Im Gegenteil, Ihr Hund lernt Sie als Ursache von unerfreulichen Dingen kennen, die ihm weh tun und ihn vielleicht sogar quälen. Und wenn Sie – und Ihr Hund – richtig Pech haben, dann haben Sie hinterher ein Verhaltensproblem, das Sie bislang nie kannten: Eine Fehlverknüpfung.

In diesem Kapitel sind Sie über zwei Begriffe gestolpert, die immer auftauchen, wenn von Strafe die Rede ist: – erlernte Hilflosigkeit und Fehlverknüpfung. Beides vermeidet eine gewaltfrei arbeitende Trainerin wie der Teufel das Weihwasser, aber gerade bei Fehlverknüpfungen ist das ausgesprochen schwierig. Warum?

Weil sie einfach passieren und deshalb sollte man sie nicht auch noch gezielt herbeiführen. Wir wissen alle, dass es viel besser ist, Hunde am Brustgeschirr und nicht am Halsband zu führen: es schont den Hals, die Wirbelsäule und verhindert Fehlverknüpfungen, wenn der Hund doch mal in die Leine rennt, weil er keinen Druck und keine Schmerzen am Hals verspürt. Das ist sehr verkürzt, aber genau so ist es. Warum gibt es dann immer wieder Hunde, die Brustgeschirre nicht mögen und schon bei ihrem Anblick flüchten oder erstarren? Das kann zum Beispiel daran liegen, dass der Hund sehr empfindliche Ohren hat und den Halsgurt beim Drüberziehen als sehr unangenehm empfindet. Leider lernen viele Hunde das Brustgeschirr nicht freundlich und behutsam kennen, sondern es wird ihnen oft einfach drübergezogen, ohne dass ihre leisen Signale beachtet werden. Oder es wurde beim Welpen übersehen, dass man die Bauchgurte weiterstellt und er hat auch beim nächsten, passenden Geschirr immer noch diese unangenehme, enge Empfindung am Bauch. Er verknüpft das Anlegen des Geschirrs dann nicht mit Spazierengehen, sondern mit dem unangenehmen Gefühl am Bauch oder an den Ohren.

Es bleibt uns um Falle einer Fehlverknüpfung also nichts weiter übrig als zu versuchen, dem Hund liebevoll klar zu machen, dass er sicher Gründe für sein Verhalten hat, die wir nicht kennen, dass aber jetzt in dieser Situation kein Grund für Angst oder Aggression besteht. Dann wir stehen ihm bei, helfen ihm und zeigen ihm, wie er gut damit klar kommt.

Damit Sie verstehen, wie lange das dauern kann, hier die Geschichte meiner Hündin Indiana.

Indiana stammt aus Griechenland und ist auf dem Land aufgewachsen. Vermutlich ist sie eine typische Vertreterin dieser Dorfköter, die mehr oder weniger frei herumstreuen und mit ein bisschen Glück einen Platz bei freundlichen Menschen erwischen oder eben nicht. Für diese Hunde ist es enorm wichtig, allen Gefahren aus dem Weg zu gehen. Eine große Gefahr stellen Autos dar, das hat sie vermutlich von ihrer Mutter gelernt. Sie selber hatte nach meiner Information wenig bis keine negativen Erfahrungen, denn sie kam mit knapp 5 Monaten nach Deutschland und wuchs auf einem Hof auf, auf dem die Hunde auch versorgt wurden. Trotzdem reagierte sie bei allen Autos zunächst mit Fluchtversuchen. Nachdem die nicht gelangen – sie war ja an der Leine – ging sie wie wild nach vorne und versuchte, das Auto zu vertreiben – immer erfolgreich, weil der ja nur vorbei wollte.

Hier hieß die Fehlverknüpfung: wenn ich nicht wegkann, ist dieses Auto total gefährlich und ich muss es verjagen. Das hatte nichts mit Jagdverhalten oder mit Verteidigung meiner Person zu tun, das war einfach der verzweifelte Versuch, sich selbst mit viel Getöse vor diesem Auto zu verteidigen. Es hat viel Arbeit und Geduld erfordert, ihr klar zu machen, dass die Autos wirklich nur vorbei fahren und uns nichts tun. Nach über zwei Jahren war sie zum ersten Mal in der Lage, von sich aus in die Wiese auszuweichen und ruhig zu warten, bis das Auto weg war. Aber auch heute noch muss ich aufpassen, wenn sie sehr aufgeregt ist und ein Auto kommt. Also werden wir damit leben müssen, wie das mit Fehlverknüpfungen eben so ist. Manche bleiben. Wir können also festhalten: direkt Methoden anzuwenden, die mit fast 100%iger Sicherheit zu Fehlverknüpfungen führen, ist einfach Wahnsinn.

Die erlernte Hilflosigkeit ist um keinen Deut besser. Die Definition bei Wikipedia lautet: „Erlernte (auch gelernte) Hilflosigkeit beschreibt die Erwartung eines Individuums, bestimmte Situationen oder Sachverhalte nicht kontrollieren und beeinflussen zu können. Es wird davon ausgegangen, dass Individuen ihr Verhaltensrepertoire einengen und als unangenehm erlebte Zustände nicht mehr abstellen, obwohl sie es (von außen betrachtet) könnten. Diese Selbstbeschränkung bzw. Passivität ist auf frühere Erfahrungen der Hilf- und Machtlosigkeit zurückzuführen. Das Individuum erfährt einen Kontrollverlust, indem eine ausgeführte Handlung und die daraus resultierende Konsequenz als unabhängig voneinander wahrgenommen werden. Diese Erwartung beeinflusst das weitere Erleben und Verhalten des Individuums und kann sich in motivationalen, kognitiven und emotionalen Defiziten manifestieren."

Übersetzt bedeutet das vereinfacht: Der Hund verliert die Kontrolle über sein Leben und traut sich nichts mehr zu. Das kann kein Mensch ernsthaft wollen. Für uns heißt das, dass wir alle Entscheidungen für diesen Hund treffen müssen, denn er selber, s. Definition, ist in den allermeisten Fällen seines Lebens damit überfordert. Das sind diese Hunde, die für jeden Atemzug einen Antrag stellen und sich niemals trauen, auch mal „nein" zu sagen. Ein Beispiel, wie tragisch sich das auswirken kann, soll das verdeutlichen.

Eine Freundin von mir bat mich, mit ihr und ihrer Hündin in Berlin im Hundeauslaufgebiet am Schlachtensee spazieren zu gehen, da die Hündin unverträglich mit anderen Hunden sei und sie daran arbeiten wollte. Tatsache war, dass meine Freundin im Eiltempo unterwegs war und ihre Hündin nie Zeit hatte, die anderen Hunde zu begrüßen. Jetzt bestand meine Freundin aber darauf, dass die Hündin sich höchstens zehn Meter von ihr entfernt, alles andere war nicht erlaubt. Beigebracht hatte sie ihr das so, dass sie ihr immer davonlief. Das hatte ihr eine Trainerin geraten. Die kleine Hündin, die vor Hundegruppen und großen Hunden aufgrund schlechter Erfahrungen Angst und zudem gelernt hatte, dass sie ihr Frauchen nie im Leben aus den Augen lassen darf, dass jeder Moment in ihrem Leben durchkommandiert wurde, auch wann sie zu einem Hund durfte und wann nicht, rannte ihr natürlich immer nach und war auch zu netten Hunden sehr unfreundlich. Schließlich hatte sie einmal keine Erlaubnis zur Kontaktaufnahme bekommen und anderseits bestand die große Gefahr, dass ihr Frauchen verschwand.

Nie im Leben wäre ihr eingefallen, aus eigenem Antrieb mal mit einem netten Rüden zu flirten oder mit einer lustigen Hündin zu spielen. Genau das tat sie zwar in meiner Hundegruppe auf dem Hundeplatz, aber niemals beim Spaziergang. Erst nachdem wir das Tempo reduziert hatten und meine Freundin verstanden hatte, dass sie einfach ein bisschen warten musste, bis die ihre Maus bereit war weiterzugehen, und nachdem sie aufhörte, alles und jedes mit Kommandos zu belegen, erledigte sich allmählich das Problem mit der angeblichen Unverträglichkeit.

Es hat sehr viel mit Respekt vor einem anderen Lebewesen zu tun, seinem Hund zu „erlauben", seine eigenen Interessen wahrzunehmen. Warum ist „erlauben" in Gänsefüßchen? Weil es eine Selbstverständlichkeit sein sollte, dass ein Hund das darf, und weil es von ungeheurer Arroganz zeugt, wenn wir so tun, als würden wir ihm gnädiger Weise etwas zugestehen, das einfach sein natürliches Recht ist.

Lassen Sie also die Finger von solch üblen Dingen. Sie tun sich und Ihrem Bello damit keinen Gefallen.

6. Aufbau von Rückrufsignalen

Grundsätzlich gibt es zwei Arten von Signalen: Ruhe- und Bewegungssignale. Ruhesignale sind alle, bei denen Ihr Hund eine bestimmte Zeit in einer bestimmten Position bleiben muss, z.B. „Bleib". Damit er versteht, dass dieses Signal eine gewisse Zeit gilt, müssen Sie ihm auch sagen, wann es wieder vorbei ist. Sonst geht er weg, wann es ihm einfällt. Bewegungssignale sind alle, bei denen der Hund in Bewegung ist. Er nimmt mit Ihnen Kontakt auf und muss dazu weder stehen, sitzen oder liegen, z.B. „Wir gehen weiter". Auch wenn Sie Ihrem Hund nicht ausdrücklich sagen, wann „Weiter" vorbei ist, wird er mitgehen und nicht ungebremst bis Wladiwostok laufen.

Um ein Signal aufzulösen, lernen die Hunde bei mir, mich anzusehen und zu fragen, ob sie gehen dürfen. Dazu lernen sie die Auflösung „Schau und weiter". Mit diesen Worten und dem entsprechenden Sichtzeichen gebe ich dem Hund den Weg frei. Wenn er bereits bei „Schau" aufsteht, z.B. aus dem Signal „Leg dich", ist das in Ordnung. Er darf nur nicht wie ein Wilder aufspringen und wegrennen.

Ruhe- und Bewegungssignale genau zu unterscheiden, ist sehr wichtig und zwar vor allem für Ihren Bello. Viele Menschen lieben ja das Signal „Sitz". Es ist das einfachste Signal, das man einem Hund beibringen kann. Man nimmt ein Leckerchen in die Hand, hebt den Finger, sagt zu seinem Welpen „Fiffi, mach schön Sitz!" und weil Fiffi dem Leckerchen in der Hand hinterher kuckt, geht der Kopf hoch, der Popo nach unten und schon sitzt er. Sie kommen sich vor wie ein Hundeflüsterer und geben ihm voller Stolz sein Leckerchen. Das machen Sie wieder und wieder, Fiffi ist schon drei Jahre alt und das klappt alles super, Sie sind sehr stolz, dass Sie eigentlich gar nichts machen müssen, er setzt sich auch so einfach hin und jedes Mal gibts ein Leckerchen. Eines Tages wollen Sie etwas unternehmen, weil er so gerne Nachbars Katzen jagt und Sie haben gehört, man kann seinem Hund beibringen, sich beim Anblick von Katzen hinzusetzen. Sie versuchen das auch, es klappt sogar, aber sowie er sein Leckerchen bekommen hat, steht er auf und weg ist er. Was ist passiert?

Für Fiffi war klar, wenn er sein Leckerchen bekommen hat, dann ist die Übung beendet. Und das macht er dann eben auch, wenn er beim Anblick einer Katze sitzen soll. Sie brauchen deshalb ein ganz klares Auflösungssignal, das er in Kombination mit jedem Ruhesignal lernt, damit vermeiden wir solche Missverständnisse.

Mitkommen und Herankommen

Um ein sauberes Rückrufsignal aufzubauen, müssen wir zwei Situationen unterscheiden: Soll Ihr Hund mitkommen oder herankommen? Was ist der Unterschied? Stellen Sie sich vor, Ihr Bello läuft frei, weil er sehr gut erzogen ist, und Sie gehen mit ihm eine Straße entlang, an der einige Gehöfte stehen. Bei einem oder zwei der Grundstücke steht das Tor offen. Vermutlich möchte Bello gerne mal nachsehen, was es Interessantes zu entdecken gibt. Die meisten Menschen reagieren zuerst gar nicht, weil sie nicht sehen, was ihr Hund vorhat. Sowie er aber durch das offene Tor läuft, gibt es verschiedene Variationen, die nicht sehr wirkungsvoll sind:

1.Sie rufen Ihren Hund zu sich, der in der Regel nicht kommt.

2. Sie rufen laut: „Nein, da gehst du jetzt nicht rein!", oder „Komm raus da!", aber Bello läuft immer weiter und reagiert nicht.

3. Sie laufen hinter ihm her, um ihn zu fangen und er rennt immer schneller in das Grundstück hinein.

Dazu muss man wissen, dass es für Hunde eine Selbstverständlichkeit ist, in Gruppen unterwegs zu sein, dabei über Blickkontakt und Körpersprache zu kommunizieren und auch zusammen zu bleiben. Zusammenbleiben bedeutet, dass man auch in einiger Entfernung mitkommt, weil der Partner einem klar und deutlich anzeigt, welche Richtung wir einschlagen oder man selber mal einen Vorschlag macht, der angenommen wird. Falls einer auf die Idee kommt, sich von der Gruppe zu entfernen, regt das niemanden auf. Die einzigen, die von ihrer Mutter mit großem Eifer bewacht und bei der Gruppe gehalten werden, sind Welpen.

Wenn wir die drei Variationen untersuchen, warum sie nicht das gewünschte Ergebnis zeigen, stellen wir fest, dass unser Bello sie gar nicht verstehen kann.

1. Sie wollen gar nicht, dass Ihr Hund zu Ihnen kommt, Sie möchten nur, dass er nicht in das fremde Grundstück läuft. Bello merkt, dass es Ihnen gar

nicht ernst ist und kommt nicht. Ganz nebenbei machen Sie auch noch Ihr Abrufsignal wirkungslos, da Sie es wahllos verwenden und nicht ernst meinen.

2. Sie haben viel zu spät reagiert, bzw. ihm gar nicht vorgegeben, was er tun soll. Sie korrigieren ihn erst, nachdem er – Ihrer Meinung nach – einen Fehler gemacht hat. Er versteht gar nicht, was Sie wollen und reagiert deshalb nicht. Zudem geben Sie ihm eine widersinnige Anweisung „Nein, du gehst da nicht rein", genau das tut er aber gerade.

3. Wenn Sie ihm nachlaufen, versteht er nur, dass Sie auch an der Erkundung des fremden Grundstücks interessiert sind und ist verwirrt, wenn Sie ihn schimpfen. Stellen Sie sich vor, Sie würden immer Anweisungen bekommen, die widersinnig oder unverständlich sind: Irgendwann hören Sie auf, diese Anweisungen zu befolgen.

Deshalb ist es sinnvoll, zwischen „Mitkommen" und „Herankommen" zu unterscheiden und einem Hund das auch genau so beizubringen. „Mitkommen" bedeutet: Gehe mit mir in die von mir vorgegebene Richtung, egal wie weit du von mir entfernt bist. „Herankommen" bedeutet: komm zu mir her und bleibe einen Moment bei mir. Das hört sich im erstmal kompliziert an, ist es aber nicht.

Nehmen wir wieder unser Beispiel oben: Sie sehen schon aus einiger Entfernung, dass dieses Hoftor offen steht. Also gehen Sie so weit wie möglich entfernt, z.B. auf der anderen Straßenseite, vorbei. So versteht Bello, dass Sie nicht an diesem Grundstück interessiert sind. Da Sie Ihren Hund jetzt gut beobachten, sehen Sie deutlich, dass er seinen Kopf in Richtung Tor dreht oder schon in diese Richtung läuft. In dem Moment sagen Sie „Bello, wir gehen weiter" oder „Bello, hier gehts weiter" und zeigen deutlich in die Richtung, in die Sie gehen möchten. Und – Überraschung! – Bello kommt mit. Falls Sie aber entdecken, dass in dem Grundstück Katzen sind, die Bello zum Fressen gern hat, dann rufen Sie ihn rechtzeitig zu sich: „Bello, komm an die Leine", loben und belohnen ihn, wenn er kommt, und leinen ihn an. Mit diesen beiden Varianten liegen Sie immer richtig und können nichts falsch machen. Wichtig ist dabei, dass Sie wirklich aufmerksam bei Ihrem Hund sind und nicht noch nebenbei auf dem Handy weiß Gott was für wichtige Nachrichten abrufen. Sonst sehen Sie nicht, was er vor hat und gehen erst viel zu spät darauf ein.

Wenn wir jetzt für Ihren Hund Rückrufsignale aufbauen, müssen wir entscheiden, wann welches Signal gelten soll. Folgende Möglichkeiten haben wir:

- einfaches Herankommen mit Kontaktaufnahme
- anleinen
- Herankommen mit Vorsitzen
- Herankommen und Kontaktaufnahme unter großer Ablenkung und auf große Distanz = Zauberwort
- abpfeifen

und schließlich brauchen Sie auch noch eine Aufforderung mitzukommen, die er auf Entfernung ausführen kann, ohne gleich mit Ihnen direkten Kontakt aufzunehmen oder heranzukommen. In dieser Auflistung liegt schon eine gewisse Steigerung im Schwierigkeitsgrad.

Grundsätzlich werden alle Signale mit keiner bis minimaler Ablenkung aufgebaut. Ihr Hund soll sofort lernen, dass es wunderschön und lustig ist, wenn er zu Ihnen kommt. Er soll nicht wählen müssen, zwischen der Möglichkeit, ein Häschen zu jagen oder zu Ihnen zu kommen. Soweit sind wir noch nicht. Um ihm und Ihnen das Leben leicht zu machen, sollten Sie sich zusätzlich eine Aufforderung ausdenken, auf die er kommen kann oder auch nicht. Ich verwende dafür das vielbenutzte Wörtchen „Komm". oder „Komm mit". Wenn meine Hunde das hören und sie sehen, dass ich ins langweilige Büro gehe, bleiben sie vielleicht lieber bei meinem Mann im Garten. Und das ist dann auch gut so. Es gibt also einen entscheidenden Unterschied zwischen Allerweltsanweisungen, bei dem die Entscheidung unserem Vierbeiner überlassen bleibt, und einem Signal, das immer funktionieren soll.

Rückrufsignale

Wir brauchen verschiedene Signale, mit denen Sie Ihren Hund in Zukunft in den unterschiedlichen Situationen rufen können. Wenn Sie sich jetzt etwas ausdenken, berücksichtigen Sie bitte folgende Punkte:

1. Das Signal soll freundlich klingen, also sollte es aus mindestens zwei bis drei Silben bestehen. Dann können Sie es besser „singen".

2. Es sollte kein Wort bzw. keine Wortkombination sein, die Sie oft sagen. Das ist der Grund, warum „Komm" sich nicht wirklich gut eignet. „Komm"

wird oft auch als Füllsel verwendet (Komm, wir gehen in den Garten) und jeden Tag sprechen Sie andere Menschen damit sehr häufig an: Oma, komm doch mal her. Etwas Ähnliches gilt für „Hier". Auch das kommt im Alltag oft vor und es kommt dazu, dass es durch das „i" in aufgeregten Situationen leicht hysterisch klingt. Das kann dann bewirken, dass Sie Ihren Hund eher noch beschleunigen in der Katzen- oder Joggerjagd.

3. Das Signal sollte Ihnen leicht von den Lippen gehen. Wenn Sie jedes Mal nachdenken, was Sie jetzt wieder sagen müssen, ist Ihr Hund schon über alle Berge.

Leckerchen-Hitliste

Dann brauchen wir eine Hitliste für beliebte Leckerchen. Und das geht so:

Sie suchen ca. 10 Leckerchen aus, die Ihr Hund gerne mag. Bitte denken Sie nicht nur an gekaufte Produkte. Das können auch selbstgemachte Leckerchen, gekochte Eier, Wurst, Käse, Zwieback, Brot, Banane oder wer weiß was sein, was er eben gerne mag.

Nehmen Sie je zwei verschiedene Stücke in die Hand und halten Sie Ihrem Hund die geschlossenen Fäuste hin. Das, wo er zuerst hingeht, mag er lieber. Gehen Sie mir der anderen Faust drüber, um das auch abzusichern. Die Hand, an der er hängen bleibt, enthält den Favoriten. Er bekommt es jetzt natürlich. So testen Sie alle 10 gegeneinander, bis Sie eine Liste haben.

Eine andere, sehr gute Variante ist der Leckerchenteller. Sie legen sechs bis acht Leckerchen auf den Tellerrand und stellen Bello den Teller hin. Schreiben Sie sich genau auf, in welcher Reihenfolge er was nimmt. Vielleicht lässt er sogar die liegen, die er nicht mag. Wiederholen Sie das in verschiedenen Variationen. Beide Varianten sind eine sehr nette Beschäftigung für langweilige Regennachmittage.

In der nächsten Zeit haben Sie immer mindestens drei verschiedene Leckereien einstecken: – die normalen für „normalen" Gehorsam – die mittleren für gute Leistungen, z.B. er kommt zügig, obwohl er etwas abgelenkt ist – und die supertollen, wenn er trotz großer Ablenkung sofort zu Ihnen gekommen ist.

Ablenkungen

Legen Sie genau fest, welche Ablenkungen bei Ihrem Hund die wirklich ernsten sind. Notieren Sie sich akribisch, wann Ihr Hund sicher oder ziemlich sicher nicht kommt. Wenn es sich um mehr als drei handelt, müssen Sie sich auf einige festlegen, an denen Sie gezielt arbeiten. Alle anderen Punkte arbeiten Sie der Reihe nach ab. Manche werden sich bei gutem Training von selbst erledigen.

Konsequenz

Es gibt einen wichtigen Merksatz, den Sie ab heute wie eine Demotafel vor sich hertragen:

Sag nur ein Signal, das du durchsetzen kannst oder willst!

Wenn Sie wissen, dass Ihr Hund sowieso nicht kommt, weil ..., dann sagen Sie auch nichts. Es liegt nicht am Signal, es liegt daran, wie konsequent Sie es ihm zeigen und durchführen. Konsequenz hat nichts mit Härte oder Druck zu tun. Es bedeutet im Gegenteil, dass Sie jede Übung so aufbauen, dass Bello gar nichts falsch machen kann und dass er zuverlässig weiß, wie Ihre Reaktion darauf sein wird: Nämlich für ihn sehr erfreulich. Dazu müssen Sie nicht viel, sondern gut und konsequent trainieren. Qualität geht vor Quantität.

Wenn Sie merken, dass Sie zu weit gegangen sind, dass Sie zu lange geübt haben und er einfach die Nase voll hat, dann bringen Sie die Übung schnell und gut zu Ende, belohnen Sie ihn und lassen Sie es für heute gut sein. Das nächste Mal hören Sie früher auf.

Motivation

Selbstverständlich arbeiten wir ausschließlich mit positiver Motivation. Ihr Hund soll freudig herankommen, weil er weiß: Wenn ich komme, gibt es was Gutes zu fressen, wird ein nettes Spiel gemacht und überhaupt wird das Leben schöner. Dafür haben wir vier Möglichkeiten:

- Lob = Stimme
- Leckerchen = Spiel
- Körperkontakt = Streicheln.

Loben müssen Sie ihn immer. Die Stimme haben Sie immer dabei und so sagen Sie ihm, dass er das macht, was Sie von ihm wollen. Sie müssen ihn sofort loben, wenn er die gewünschte Handlung zeigt. Wenn er also beim ersten Rufen in Ihre Richtung sieht und einen Schritt zu Ihnen hin macht, dann loben Sie ihn: Ja, das ist richtig, mach weiter so!

Ob Sie richtig gelobt haben, erkennen Sie an Ihrem Hund. Kommt er freudig und lachend oder zögerlich, ohne Blickkontakt? Bleibt er gerne bei Ihnen oder macht er sich mit sichtlicher Erleichterung schnellstmöglich wieder vom Acker? Sehen Sie genau hin und machen Sie sich nichts vor. Gerade beim Abrufen ist das Loben das A&O, wenn Sie das nicht gut und angemessen hinbekommen, machen Sie es sich selbst unnötig schwer. Ein Hund, der beim Herankommen beschwichtigt, z.B. auffallend langsam wird, Blickkontakt meidet, sich über den Nasenspiegel leckt..., würde vielleicht sehr gerne zu Ihnen kommen, aber aus irgend einem Grund machen Sie es ihm schwer. Über Beschwichtigungssignale werden wir deshalb noch genauer sprechen.

Das Leckerchen muss natürlich so sein, dass es für ihn eine echte Belohnung ist: Das krümelige Trockenfutter, das er nur frisst, weil nix anderes in seinen Napf kommt, ist keine Belohnung. Da bleibt er dann vielleicht lieber bei seiner Lieblingsbeschäftigung „Jogger jagen". Idealerweise haben Sie verschiedene Leckerchen für unterschiedliche Ablenkungen. Wichtig ist aber, dass er alle gerne mag.

Ob ein Hund Futterbelohnung nimmt oder nicht und wie er sie nimmt, sagt uns viel über seinen Gemütszustand. Auch bei Hunden, die Leckerchen in der Regel sehr vorsichtig nehmen, spüren Sie die Zähnchen an den Fingern oder sie fressen etwas hastiger als sonst, wenn sie aufgeregt oder sehr gestresst sind. Hunde, die Futter in Trainingssituationen ausspucken oder verweigern, sind viel zu gestresst. Das ist ein Alarmzeichen, dass Sie nicht zu viel, sondern viel, viel, viel zu viel gemacht haben. Das sollten Sie schleunigst ändern.

Zudem können Sie mit den Leckerchen hervorragend variieren, siehe Leckerchen-Hitliste. Aber auch wie groß die Futterbelohnung ist oder viel Bello bekommt, ist eine wunderbare Variationsmöglichkeit. Denn wenn die tollen Leckerchen schon aufgebraucht sind und Sie eigentlich gar keine Trainingseinheit mehr machen wollten, geben Sie von den Nr.2-Leckerchen einfach mehr. Futterbelohnung gehört schon deshalb zu den effektivsten Formen der Belohnung, weil die meisten Hunde gerne fressen.

Belohnung über Spielen ist in der Regel schwierig bis unmöglich. Wurfspiele sollten Sie schon aus gesundheitlichen Gründen nicht veranstalten. Es ist auch nicht wirklich sinnvoll, wenn man seinen Hund endlich von einem Jogger abrufen kann und dann wirft man ihm einen Ball. Entweder haben Sie einen Balljunkie, der süchtig nach seinem Spielzeug ist, oder er versteht das so, dass Sie es eben doch toll finden, wenn er beweglichen Subjekten hinterher rennt.

Viele Menschen finden es total lustig, wenn ihr Hund ein Balljunkie ist. Ich frage dann immer, ob sie es auch lustig finden, wenn ihr Kind zum Junkie wird. Haha, wie lustig, mein Kind ist ein Heroinjunkie. Sie können darüber nicht lachen? Ich auch nicht. „Junkie" heißt, er ist süchtig nach den Stresshormonen, die beim Hinterherhetzen freigesetzt werden. Das kann so weit gehen, dass er verrückt nach diesen Objekten ist und es gegen jeden potentiellen Räuber verteidigt, z.B. auch das Kind angeht, das mit seinem Ball spielt, den er dann sofort haben möchte – wie der Crackjunkie die Crackpfeife. Oder auf jeden Hund losgeht, der sich auch nur aus der Ferne nähert. Das ist also eine mehr als komplizierte Form der „Belohnung". Jede Art von wildem Spiel ist schon allein deshalb widersinnig, weil wir ja wollen, dass Ihre Pelznase ruhig bei Ihnen stehenbleibt und nicht die Spielbelohnung einfordert oder in Erwartung auf den Ball sofort wieder losdüst. Was ist, wenn genau jetzt ein Jogger des Weges kommt oder ein Hase aufspringt? Wird er dann auf Ihr Rufen zurückkommen oder eben nicht?

Eine ruhige Spielbelohnung kann sein, dass Sie ihn seine Leckerchen suchen lassen. Das finden manche Hunde wirklich großartig und als Nebeneffekt ist die Nase konzentriert am Boden und die Aufmerksamkeit weg von eventuellen Ablenkungen z.B. in Form von Fahrradfahrern.

Viele Menschen streicheln Ihre Hunde gerne zur Belohnung. Die Hunde finden das meistens gar nicht sooo toll. Klar sollen Sie mit Ihrem Hund schmusen, aber wenn er jetzt freudig angerannt kommt, gerade mal sein Leckerchen holen und dann wieder weitersausen möchte, empfindet er es sicher nicht als Belohnung, wenn Sie an ihm rumfummeln. Viele Hunde finden es einfach schön, wenn sie in unserer Nähe bleiben und sich noch ein bisschen mit uns unterhalten können. Ist das nicht ein schönes Bild? Hund steht vor Ihnen, strahlt Sie an, wedelt freundlich und entspannt und Sie erzählen ihm, was für ein feiner Kerl er ist? Wenn Sie ihn in so einer Situation streicheln, sich also über ihn beugen, womöglich nicht nur streicheln, sondern derb den Brustkorb abklopfen, dann ist die Wahrscheinlichkeit groß, dass er zukünftig so weit vor Ihnen halt macht, dass Sie genau das nicht mehr tun können. Dann ist dieser Körperkontakt eher keine Belohnung für ihn.

Vielleicht belohnen Sie sich ja eigentlich selber, weil Sie Ihren Hund so gerne anfassen? Das ist nachvollziehbar, denn es gibt für Hundemenschen wenig schönere Gemeinsamkeiten mit Hund, als ihn zu streicheln und durchzuknuddeln. Heben Sie sich das für Kuschelstunden am Abend auf, da wird er es auch genießen.

Für manche Hunde ist das Streicheln sehr wohl eine tolle Belohnung und dann sollten Sie beide das auch ausgiebig nutzen. Diese Hunde drücken sich mit strahlenden Augen an ihren Menschen, werfen sich womöglich auf den Rücken und alles an dem Hund sagt: Jetzt bitte knuddeln.

Berta fand Kuscheln schon immer die tollste Belohung überhaupt

Die Motivationsart sollte also immer dem Signal, der Situation und den Vorlieben Ihres Hundes angepasst sein, damit es auch wirklich eine Belohnung für Ihren Hund ist.

Sie selber müssen sich natürlich auch motivieren, weil Sie – wie bei jedem Training – Rückschläge erleben werden. Nehmen Sie sich deshalb irgendetwas Schönes vor, was Sie und Ihr Herzblatt besonders gerne mögen, wenn Sie wieder eine neue Stufe im Training erreicht haben: ein besonders feines Abendessen, ein besonders schöner Spaziergang, ein lustiges Spielzeug für Sie beide... Seien Sie kreativ, auch was Ihre Belohnung angeht. Die Hauptmotivation für Sie ist aber:

Wenn Sie richtig trainieren, bekommen Sie einen Hund, der sich gut abrufen lässt!

7. Trainingsaufbau und Trainingsfallen

1. Stimme und Körpersprache

Für Hunde zählt weniger das gesprochene Wort, sondern wie Sie etwas sagen. Das „Wie" setzt sich aus dem Tonfall Ihrer Stimme und aus Ihrer Körpersprache zusammen.

Die Stimme

Wenn Sie Ihren Hund immer nur anschreien, gewöhnt er sich daran und reagiert auf leise Töne überhaupt nicht mehr. Jetzt sind Hunde aber nicht schwerhörig, sondern ganz im Gegenteil: Hunde hören vier- bis zwanzigmal besser als Menschen je nach Alter und Rasse. Man kann also leise mit ihnen reden. Außerdem erhöht eine leise Stimme die Aufmerksamkeit. Gewöhnen Sie sich an, sehr differenziert mit der Tonlage umzugehen. Natürlich gibt es Situationen, in denen man die Stimme erheben muss, z.B. weil starker Wind geht, ein hoher Geräuschpegel herrscht (Straßennähe), der Hund sehr weit weg ist... Aber wenn er in Ihrer Nähe ist, können Sie ihn mit einer leisen bis normallauten Stimme heranholen.

Eine leise, freundliche Stimme fordert einen Hund immer zum Näherkommen und Kontaktaufnehmen auf. Stellen Sie sich Hunde vor, die sich freundlich einander nähern: Sie können dann ein freundliches, hohes Fiepsen hören. Versuchen Sie es selber, fiepsen Sie Ihren Hund an, Sie werden sehen, wie er neugierig zu Ihnen kommt. Eine unfreundliche, laute Stimme bewirkt genau das Gegenteil: Ihr Hund interpretiert dann, dass Sie schlecht drauf sind und es jetzt wesentlich besser ist, wenn er sich fern hält. Würden Sie gerne zu jemandem gehen, der vor Ärger aus allen Poren dampft? Sicher nicht.

Manchmal wird empfohlen, mit Hunden mit möglichst hoher Stimme zu sprechen. Wenn Sie eine hohe Stimme haben, ist das natürlich in Ordnung. Aber wenn Sie ein großer Mann mit einem tiefen Brummbass sind, wird sich Ihr Hund eher wundern, wenn Sie auf einmal anfangen zu fiepsen wie ein Mäuschen. Sprechen Sie ihn deshalb freundlich an. Lächeln Sie ein bisschen, wenn Sie ihn ansehen und rufen. Wer lächelt, hat eine freundliche

Stimme und eine freundliche Ausstrahlung. Das ist ehrlicher und wirkungsvoller als ein künstliches Gepiepse.

Was anderes ist es, wenn Sie Ihren Hund mal kurz zurechtweisen müssen. Die Betonung liegt auf „mal kurz". Zum einen ist es gar nicht so oft notwendig, seinen Hund bei jeder Gelegenheit mit Zurechtweisungen zu bombardieren. Wir müssen ihn auch nicht ständig vorsorglich verbal daran hindern, etwas Unerwünschtes zu tun. Hunde haben viel weniger Unerfreuliches vor, als Menschen annehmen. Sie müssen ihn nicht sofort bedrohen, wenn er nicht auf der Stelle kehrt macht und erst fertig schnüffelt, anstatt im Eilmarsch zu Ihnen zu kommen. Aber wenn Sie drei- bis vier Mal gerufen haben und er trödelt immer noch rum, ohne dass es einen einsehbaren Grund dafür gibt, dann können Sie durchaus eine Ansage machen: „Hey! Was ist jetzt!" Und das sollten Sie in einer überzeugenden Tonlage tun, die der Situation angemessen ist. Üben Sie ein bisschen ohne Ihren Hund, so dass er wirklich versteht, was Sie wollen, wenn es drauf an kommt. Sowie Ihr Hund aber in Ihre Richtung sieht, muss der Druck sofort aus Ihrer Stimme verschwinden und Sie rufen ihn nochmal freundlich zu sich. **UND:** Sie müssen sicher sein, dass er nicht wegen Ihnen rumtrödelt, denn dann trödelt er nicht, sondern beschwichtigt, weil Sie zu viel Druck gemacht haben.

Die Körpersprache

Viele Menschen stehen steif und starr da und starren gebannt auf ihren Hund, wenn sie gerufen haben. Man hat den Eindruck, als wären sie sich nicht sicher, ob er jetzt auch wirklich kommt. Und was passiert? Wenn Bello überhaupt kommt, dann nur ganz zögerlich und auf Umwegen. Was geht da vor? Überlegen Sie mal, was passiert, wenn ein Hund droht: er macht sich groß, stellt vielleicht die Haare auf und knurrt. Und er steht sehr ruhig und konzentriert da und beobachtet ganz genau den Gegner, den er da „entfernen" möchte. Seine ganze Aufmerksamkeit ist darauf gerichtet, Ohren, Augen, Nase, der ganze Körper. Er fixiert, er passt genau auf und steht „steif und starr" da. Genau wie Sie, wenn Sie Ihren Hund konzentriert überwachen, ob er auch wirklich folgt.

Dazu kommt, dass wir uns fast automatisch vorbeugen, wenn wir stehen und etwas fixieren. Bedenken Sie bitte, dass Hunde in Bezug auf Körper sprache sehr viel sensibler reagieren als wir. Das sind die Botschaften, die sie am besten interpretieren können. Vorbeugen bzw. sich über den Hund stülpen, empfinden viele Hunde und ganz besonders die Kleinen als sehr bedrohlich. Deshalb kommen sie lieber nicht oder nur sehr langsam mit vielen Beschwichtigungssignalen.

Versuchen Sie es einmal anders: Rufen Sie ihn mit einer freundlichen, fröhlichen Stimme, bleiben Sie locker, gehen Sie ein bisschen zurück und – seien Sie fest davon überzeugt, dass er kommen wird. Nicht vielleicht, sondern sicher!

Das Bild im Kopf

In meinem Buch „Mensch, mach langsam!" gibt es ein ausführliches Kapitel: „Nicht springen! – Das Bild im Kopf". Deshalb möchte ich das nicht alles wiederholen. Auch in meinem Blog finden Sie dazu Artikel, z.B. „Nicht springen! – Das Bild in unserem Kopf" (http://blog.forsthaus-metzelthin.de/?p=65). Das Bild, das Sie im Kopf davon haben, was ihr Hund macht oder nicht macht, bestimmt Ihre Reaktionen und Aktionen, aber auch – ob Sie das wollen oder nicht –, was Ihr Hund tatsächlich macht. Denn Hunde nehmen mentale Kommunikation, also Bilder, die wir teilweise unabsichtlich schicken, sehr genau wahr und handeln danach.

Die meisten Menschen teilen ihrem Hund, der nie kommt, durch Stimme und Körpersprache mit:

Du kommt sowieso nicht!

Dabei fühlen sie sich hilf- und ratlos, und wissen dazu, dass sie in den Augen ihrer Mitbürger ziemlich albern wirken, weil sie dastehen und rufen und rufen und rufen und es passiert nix. Versuchen Sie einmal Folgendes: Stellen Sie sich vor, Ihr Hund läuft in einiger Entfernung vor Ihnen und Sie hätten ihn gerne bei sich, weil gleich da vorne die Straße kommt. Sie setzen ein freundliches Lächeln auf bei dem Gedanken, dass er freudig auf Ihr Rufen zu Ihnen kommt und sich ohne Probleme anleinen lässt.

Sie glauben nicht, dass das klappt?

Wer sagt denn, dass er Ihre Gedankenbotschaft nicht versteht? Vielleicht kommt sie bei ihm an und er findet es so auch besser. Versuchen Sie es doch einfach mal. Natürlich nicht gerade neben einer sechsspurigen Schnellstraße, sondern irgendwo, wo es sicher ist. Und Sie werden sehen: Es funktioniert, egal, wie Sie es interpretieren: Zufall oder Gedankenübertragung. Haben Sie ein schönes, lockeres Bild von Ihrem Hund im Kopf. (Und nicht das von einem nervenden Vierbeiner, den Sie manchmal auf den Mond schießen könnten, weil er nie kommt!) Außerdem dürfen Sie ihn selbstverständlich zusätzlich mit einer freundlichen Stimme rufen. Weil Sie sowieso schon einer freundlichen Grundstimmung sind und ihm ein nettes Bild schicken, wird es ihm sicher leichter fallen zu kommen und Ihnen, ihn begeistert zu loben.

Was ganz sicher ist: Wenn Sie davon überzeugt sind, dass Ihr kleiner Freund auf Ihren Rückruf hört und begeistert zu Ihnen kommt, dann haben Sie eine andere Ausstrahlung und eine vollkommen andere Körpersprache. Wenn Sie also nicht glauben, dass Sie mit ihm auch über mentale Botschaften kommunizieren können, dann können Sie sich sicher sein, dass ihm Ihre veränderte Körpersprache das Herankommen leicht macht.

2. Die ersten Schritte

Mitkommen / Herankommen – warum die Unterscheidung wichtig ist

Weil diese Unterscheidung für den Erfolg oder Misserfolg eines guten Rückrufes enorm wichtig ist, wollen wir uns nochmal ausführlicher damit befassen.

Selbst wenn Sie in der im Kapitel „Aufbau von Rückrufsignalen" beschriebenen Situation am offenen Hoftor Ihre Pelznase immer zuverlässig anleinen, gibt es zahlreiche Momente, in denen Sie ein gut aufgebautes Signal zum Mitkommen benötigen. Sie gehen über eine große Wiese und Ihr Freund läuft in einiger Entfernung vor, neben oder hinter Ihnen. Er schnüffelt mal hier mal da, kommt ab und zu vorbei oder sieht sich nach Ihnen um. Sie erwidern seinen Blickkontakt, freuen sich, wenn er kommt, warten, wenn er etwas genauer untersuchen muss. Alles in allem: Ein schöner, entspannter Spaziergang. Da sehen Sie in einiger Entfernung irgendetwas, dem Sie sich lieber nicht nähern wollen: seinen Erzfeind, der angeleint mit seinem Herrchen spazieren geht, die Ohren eines Hasen im Gras, einen Jogger auf dem Weg ... Bello hats noch nicht gesehen, da er zu beschäftigt ist und – und das merken Sie sich jetzt bitte gut – weil auch kleine Menschen ihre Augen deutlich weiter oben haben als große Hunde. Diesen Vorteil nützen wir weidlich aus.

Sie registrieren also, dass sich etwas Blödes anbahnen könnte und möchten dem einerseits aus dem Weg gehen, andererseits Ihren Vierbeiner nicht drauf aufmerksam machen. Sie stehen zwischen ihm und dem interessanten Subjekt, wenn Sie ihn jetzt zu sich rufen, ist die Möglichkeit gegeben, dass er den Hasen, Jogger, Erzfeind sieht, sich kurz bei Ihnen für das Ausmachen bedankt und weg ist er. Eine unkomplizierte Variante wäre, dass Sie ruhig hingehen und ihn anleinen. Das geht aber nicht immer. Was aber fast immer möglich ist: Sie wechseln die Richtung und sprechen ihn an, dass er mit Ihnen mitkommen soll. Allein durch Ihre Bewegung wird er aufmerksam: aha, mein Mensch geht woanders hin. Bei gutem Aufbau kommt er in der Regel schnell mit.

Eine andere Variante wäre: die „Gefahr" nähert sich so schnell oder unvermutet, dass Sie ein Zauberwort benötigen, bei dem Sie zu – fast – 100% sicher sind, dass er kommt. Das kann tatsächlich ein bestimmtes Wort sein oder auch die Pfeife. Bei manchen Hunden klappt das, wenn sie eher erleichtert sind, dass sie sich z.B. nicht mit dem Erzfeind auseinandersetzen müssen und dessen Mensch auch gut reagiert, z.B. stehenbleibt". Wenn das nicht klappt, ist wieder eine gute Variante, dass Sie sich umdrehen, schnell weggehen und ihn durch ein „Mitkommsignal" mitnehmen.

Und eine Situation, die oft auftritt: Hund läuft frei und interessiert sich für etwas, von dem Sie nicht möchten, dass er sich damit beschäftigt. Für Hunde ist es viel einfacher auf ein einfaches „Wir gehen hier weiter" mitzukommen, als auf ein Abrufsignal zu reagieren, das Sie in diesem Moment gar nicht so meinen. Denn das „Komm her zu mir" wollen Sie nicht wirklich, Sie wollen, dass er mit Ihnen weitergeht.

Je besser wir das unterscheiden, was im Moment angesagt ist, umso einfacher wird es für Mensch und Hund.

Hör- und Sichtzeichen

Für Hunde ist das, was wir ihnen zeigen, also unsere Körpersprache, wichtiger als das, was wir sagen. Und wie wir etwas sagen, ist wichtiger, als was wir sagen. Das ist bei allem, was Sie Ihrem Hund beibringen möchten und bei allen Signalen, die er lernen soll, von großer Bedeutung. Viele Probleme bei der Ausführung von Signalen entstehen dadurch, dass wir widersprüchliche Anweisungen geben, also Körpersprache, Stimmlage und Anweisung für den Hund nicht übereinstimmen und ihn damit verwirren.

Das fängt an mit der Marotte vieler Menschen, einfach alle Möglichkeiten herunterzubeten, die ihnen so einfallen: komm her, schau mal her, zu mir, komm hierher..... Dabei sieht der Hund mal ein Sichtzeichen, mal nicht, mal steht der Mensch desinteressiert in der Gegend rum, das nächste Mal wirkt er sehr aufgeregt und angespannt, mal geht er in Richtung Hund, mal läuft er weg, mal fixiert er den Hund, mal schaut er gar nicht hin.... Für den Hund ist das alles sehr anstrengend und verwirrend, deshalb beschließen die meisten Pelznasen irgendwann, dass sie das Getue nichts angeht.

Sie brauchen deshalb klare Hör- und Sichtzeichen, also: Sie müssen genau wissen, was Sie wollen, und wie Sie es Ihrem Bello klar machen. Dazu müssen Sie ihm auch unterschiedliche Varianten nahe bringen, z.B. dass er selbst dann kommt, wenn er Sie nur sieht, weil die Umgebung sehr laut ist und er Sie nicht hören kann, oder Sie nur hört, weil Sie außer Sicht sind. Je klarer und konsequenter Sie hier sind, umso zuverlässiger sind Sie und umso zuverlässiger wird Bello. Bitte lesen Sie deshalb sehr aufmerksam, wann welches Hör- und Sichtzeichen zur Anwendung kommen kann, wie Sie es aufbauen, wie Sie es variieren und wie Sie es absichern.

Stehenbleiben – Rückwärtsgehen

Eine der einfachsten und elegantesten Möglichkeiten, einen Hund unauffällig auf sich aufmerksam zu machen und zu sich zu holen, ist das Stehenbleiben und langsame Rückwärtsgehen. Einer der wichtigsten Gründe, warum das funktioniert, ist: keiner kann etwas falsch machen – weder Sie noch Bello. Sie bauen keinen Druck auf und das macht es Ihrem Freund leicht, darauf zu reagieren.

Üben Sie es folgendermaßen ein: Sie stehen wenige Meter von Ihrem Hund entfernt mit Blickrichtung zum Hund. Ohne etwas zu sagen, gehen Sie wenige, kleine, langsame Schritte von ihm weg. Sowie er Sie nur ansieht, loben Sie ihn ruhig und freundlich, wenn er zu Ihnen kommt, bekommt er zusätzlich ein Leckerchen. Was passiert, wenn er nicht kommt? Gar nichts. Sie haben keine Anweisung gegeben, also muss er auch nichts befolgen. Je weniger Druck Sie machen, also je weniger Sie erwarten, umso leichter klappt das auch.

Warum ist das so? Durch Ihre Bewegung von ihm weg will er nachsehen, was Sie da machen, also dreht er sich um und schaut Sie an. Wenn Sie ihn dann freundlich loben, motiviert ihn das sehr, zu Ihnen zu kommen. Jetzt belohnen Sie ihn und loben ihn überschwänglich, also wird er sich angewöhnen, zumindest Blickkontakt mit Ihnen aufzunehmen, in der Regel aber wird er kommen, sobald Sie sich ein wenig wegbewegen.

Üben Sie das im Freilauf und an einer Leine, die mindestens fünf Meter lang sein muss. Natürlich darf die Leine nicht gespannt werden. An der Leine müssen Sie immer darauf achten, dass Sie niemals Spannung auf die Leine bringen, daran ziehen oder gar rucken. Lassen Sie die Leine einfach mit minimalem Druck durch die Finger gleiten, so dass er merkt, da hinten tut sich was. Aber niemals dürfen Sie über die Leine Druck ausüben. Und Sie dürfen nie zu weit von ihm weggehen. Die Betonung liegt auf „kurze, wenige Schritte", also keine Entfernung, die Sie mit Siebenmeilenstiefeln zurückgelegt haben.

Eine Steigerung kann sein, dass Sie ihn mit einer einfachen Handbewegung hinter sich bringen. Sie locken ihn einfach mit dem Leckerchen hinter Ihren Rücken. Gerade unsichere Hunde verstehen sehr schnell, dass ihnen so Sicherheit geboten wird und sie die Verantwortung an Sie abgeben können. Eine sehr gute und nachhaltige Belohnung ist in diesem Fall, dass Sie ihm das erste Leckerchen direkt geben und zusätzlich noch einige auf den Boden streuen. Selber suchen macht noch mehr Spaß und Sie können ihn im Bedarfsfall nebenbei anleinen.

Wozu sollen diese Übungen gut sein? Es gibt viele Situationen, in denen sich Hunde bedrängt oder sogar bedroht fühlen. Wenn Sie jetzt einige wenige Schritte weggehen und Bello gelernt hat mitzukommen, hat das folgende Effekte:

- er wendet sich Ihnen zu und fixiert nicht mehr die vermeintliche Gefahr
- er lernt, aus schwierigen Situationen wegzugehen und nicht nach vorne abzuwehren
- er lernt, dass Sie immer einer defensive Lösung finden
- automatisch bringen Sie mehr Distanz zwischen ihn und sein Problem (und es ist erstaunlich, was ein paar Schritte ausmachen können)
- Sie können ganz entspannt austesten, wie viel – oder wie wenig – Abstand er braucht. Ebenso entspannt können Sie diese Distanz ganz allmählich verkürzen.

Aufforderung, auch auf Entfernung mitzukommen: „Wir gehen weiter"

„Weiter" ist ein Bewegungssignal. Gewöhnen Sie sich an, vor Kreuzungen und Weggabelungen langsamer zu werden und mit einem deutlichen Sichtzeichen Ihrem Hund zu sagen: „Hier gehen wir weiter". Ebenso sagen Sie ihm, wenn Sie mit ihm nach einer kurzen Plauderpause mit der Nachbarin losgehen und er sieht Sie fragend an: „Jetzt gehen wir weiter". Dazu machen Sie immer eine deutliche Handbewegung in die richtige Richtung.

Folgende sehr lustige Übung können Sie als Spiel beim Spaziergang einbauen: Sie suchen eine Stelle, wo Bäume, Büsche, Parkbänke oder ähnliches locker zusammen stehen. Gehen Sie in Schlangenlinien drumherum und immer wenn Sie die Richtung wechseln, sagen Sie „Bello, hier gehen wir weiter". Den Richtungswechsel zeigen Sie auch an. Da Sie fröhlich rufen und Bello sofort loben, wenn er mitkommt – egal in welcher Entfernung –, wird er mitkommen, weil das einfach lustig ist. Nach einigen Richtungswechseln bleiben Sie stehen und loben ihn ausführlich. Falls er freudig zu ihnen kommt, können Sie ihm gerne eine Futterbelohnung geben, wenn er nicht zu Ihnen kommt, ist es auch in Ordnung. Sie müssen ihn jetzt nicht mit Leckerchen vollstopfen, denn Sie üben ein Signal zum Mitkommen, nicht zum Herankommen. Die Gefahr, wenn Sie ihn für jedes „weiter" mit Futter belohnen, ist, dass Sie ein Rückrufsignal daraus machen und das wollen wir definitiv nicht. Deshalb ist hier das Loben noch wichtiger als bei allen anderen Signalen.

Bei dieser Übung müssen Sie gut darauf achten, dass Sie immer von ihm weggehen. Manche Hunde finden dieses Spiel so lustig, dass sie sofort herkommen und neben einem mitlaufen. Wenn Sie jetzt in den Hund reinlaufen, dann drücken Sie ihn weg. Achten Sie also gut darauf, wo er sich befindet und in welche Richtung Sie abbiegen.

Eine weitere Übung können Sie auf größeren, freien Flächen machen: am Strand, auf einer Wiese, einem abgeernteten Feld. Er läuft voraus, Sie laufen ungefähr in der Mitte der Wiese und rufen ihn immer wieder: „Bello, hier geht's lang", machen eine große Armbewegung – wie ein Schaufelraddampfer – in die Richtung, in die er laufen soll und gehen selber ein paar Schritte mit. Sehr hilfreich für eine klare Körpersprache ist es, wenn Sie den äußeren Arm nehmen und während der Bewegung den ganzen Körper mit dem Arm in die gewünschte Richtung mitdrehen. Wenn Sie nach rechts gehen, heben Sie den linken Arm, wenn Sie nach links gehen den rechten. Sowie er umdreht und in die Richtung läuft, loben Sie ihn. Nach zehn bis zwanzig Metern geht's in die andere Richtung. Das machen Sie ein paar Mal hin und her und jedes Mal freuen Sie sich ein Loch in den Bauch.

Diese Übung hat den ganz großen Vorteil, dass Sie sie ausweiten können. Sobald Ihr Hund außer Sicht ist, rufen Sie laut. Er wird in Sichtweite kommen, um zu sehen, wo Sie hinlaufen. Das ist eine Abwandlung aus dem Jagdhundetraining. Vorstehhunden wie Settern oder Pointern bringt man so das Absuchen großer Flächen bei. Aber es klappt auch bei Ihrem Waldi, versprochen.

Einfaches Herankommen mit kurzer Kontaktaufnahme: „Schau mal her"

„Schau mal her" ist ein Bewegungssignal. Bello steht in Ihrer Nähe. Sie haben in der hohlen Hand am Bauch mehrere Leckerchen, nehmen Sie eins in die Hand, halten es seitlich nach unten und gehen langsam wenige, kleine Schritte zurück. Dabei sprechen Sie ihn an und sagen das Abrufsignal: „Bello, schau mal her!". Er folgt Ihnen nach, weil er ja wissen will, was Sie da machen und außerdem das Leckerchen gerne haben möchte. Sie loben ihn, bleiben stehen und geben ihm das Leckerchen. Während er frisst, loben Sie ihn weiter. Das muss nicht „fein, fein, fein" sein, Sie können ihm einen ganzen Roman erzählen: „Das hast du jetzt aber gut gemacht, so ein toller Hund ..." Wenn er fertig ist, machen Sie dasselbe auf der anderen Seite. Dadurch lernt er, dass beide Hände gelten. Die meisten von uns haben eine bevorzugte Seite. Falls er also immer sieht, dass das Sichtzeichen (= Hand seitlich vom Körper) auf einer Seite ist, merkt er sich das. Wenn Sie diese Hand mal nicht frei haben, kann es durchaus sein, dass er denkt, es gilt nicht.

Bei der ersten Übung wiederholen Sie das so lange, bis er Sie nach dem Leckerchen fragend ansieht: passiert noch was? Dann machen Sie die Übung noch einmal, loben ihn ganz toll und ausführlich und belohnen ihn fürstlich. Denn das ist genau das, was wir wollen. Er soll einen Moment bei Ihnen stehen bleiben und noch ein wenig warten, ob noch etwas von Ihnen kommt. In der Regel werden die Hunde nach dem zweiten oder dritten Signal aufmerksam, bei einigen dauert es eben ein bisschen länger.

Diese Übung machen Sie zwei- bis drei Mal mit kurzen Pausen dazwischen. Dann fangen Sie an, ihn ab und zu aus verschiedenen Entfernungen nur noch einmal zu rufen. Sie und Bello lernen damit, dass es ganz egal ist, wie weit er von Ihnen entfernt ist. Sobald Sie ihn auf diese Art rufen, kommt er zu Ihnen und zwar auf die Seite, auf der die Hand ist. So können Sie ihn in vielen Gefahrensituationen elegant und ohne großes Aufsehen auf die ungefährliche Seite bringen und Konflikte vermeiden.

Denken Sie bitte bei kleinen Hunden daran, dass Sie mit der Hand ganz runter gehen, damit der Kleine nicht springen muss. Und achten Sie darauf, dass Sie Ihre Hand ganz ruhig halten, sobald Bello dran ist. Viele Hunde lernen das Schnappen nach dem Futter dadurch, dass die Menschen die Hand in dem Moment wegziehen, wenn Bello das Leckerchen gerade nehmen will und trainieren das Schnappen so regelrecht ein.

Dieses Sichtzeichen hat verschiedene Vorteile. Viele Rückrufübungen zielen darauf ab, dass der Hund direkt in Front vor uns kommt. Das finden viele Hunde ziemlich unangenehm, wenn sie sich nicht so sicher sind, ob wir Menschen das auch richtig verstehen: Schnelles, frontales Herankommen bedeutet für Hunde schlicht: „Angriff" und das hat er definitiv nicht vor. Das ist häufig der Grund, warum die Hunde langsam und sehr ungern kommen. Dazu kommt, dass viele Menschen ihre Hunde korrigieren, wenn sie nicht gerade vorstehen oder vorsitzen, es dauert also endlos lange, bis mal endlich das Lob und das Leckerchen kommen. So richtig motivierend ist das alles nicht.

Seitlich ist das kein Problem. Der Hund geht automatisch in die richtige Position, da er genau an die Hand geht, die ich ihm anbiete. Er bekommt prompt seine Bestätigung, weil ich ihn sofort in dem Moment lobe, wenn er auch nur Blickkontakt aufnimmt. Seine Belohnung erhält er in dem Moment, wenn er bei mir ist. Es kann also gar kein Missverständnis aufkommen.

Für ihn ist dieses Sichtzeichen auch sehr leicht erkennbar, da Sie Ihre Kontur sehr deutlich verändern. Schauen Sie einfach mal Ihren Schatten an, wenn Ihre Arme am Körper anliegen, bzw. wenn Sie einen Arm weg strecken. Selbst wenn er richtig weit weg ist, kann er Sie besser ausmachen, dazu müssen Sie einfach den Arm etwas lebhafter seitlich bewegen.

Dazu lernt er, Ihrer Hand zu folgen. Wenn er mal irgendwo im Weg steht, sitzt oder liegt, können Sie ihn mit einer ganz einfachen Handbewegung wegholen und dort hin dirigieren, wo er nicht stört. Für viele andere Übungen, z.B. einem Hindernis ausweichen, ist dieses Nachfolgen der Hand sehr nützlich. Wir bauen also damit schon ein Sichtzeichen auf, das wir vielseitig verwenden können und das von Anfang positiv belegt ist.

Dadurch, dass Sie die Übung beginnen, wenn Bello direkt bei Ihnen steht, vermeiden Sie noch ein paar Probleme. In der Regel rufen Menschen ihren Hund, wenn er zu weit weg ist. „Zu weit weg" ist individuell sehr unterschiedlich, das kann für Ihre Kinder und Ihre/n PartnerIn eine ganz andere Entfernung sein als für Sie. Auch ist für manche Hunde eine größere Entfernung schwerer zu bewerkstelligen. Stellen Sie sich einen kleinen Welpen mit kurzen Beinen vor, der schon eine Weile gelaufen und eigentlich müde ist und jetzt soll er auch noch 50 Meter zu Ihnen hinlaufen. Da kann es schon passieren, dass er einfach keine Lust mehr hat.

Dazu kommt, dass unsere Vierbeiner nach einem System suchen: wie macht mein Mensch was und wann? Bringen Sie ihm jetzt unabsichtlich bei, dass Sie ihn immer zurückrufen, wenn er sich auf die von Ihnen definierte Maximaldistanz hinbewegt, dann merkt er sich das. Aber irgendwann wollen Sie ihn abrufen, da ist er nicht die maximalen dreißig Meter, sondern nur zehn Meter entfernt. Die Wahrscheinlichkeit, dass er Sie nicht versteht, weil er ja in dem von Ihnen vorgegebenen Radius ist, ist sehr groß. Deshalb müssen Sie auch die Entfernungen gut variieren.

Das ist eine gute Ausgangsposition für die erste Übung „Schau mal her"

Ein freundliches Sichtzeichen ...

... und ein begehrte Belohnung machen das Herankommen leicht

Auch ist das Abrufen aus großer Entfernung mit einiger Aufregung verbunden. Denn wenn Sie das richtig machen, dann loben Sie ihn den ganzen Weg – vom ersten Blickkontakt bis zu dem Moment wenn er angekommen ist. Das muss (!) so sein, denn damit halten Sie mit ihm Kontakt und sagen ihm gleichzeitig, dass er alles richtig macht. Das kann ganz schön aufregend sein und ihn daran hindern, dass er einen Moment ruhig bei Ihnen stehen bleibt.

Wenn Sie es umdrehen, in Ihrer Nähe mit der Übung anfangen, dann lernt er zusammengefasst Folgendes:

- er wird sofort zuverlässig gelobt und belohnt
- er kommt Ihnen langsam hinterher = herankommen, weil Sie langsam von ihm weggehen
- er lernt einfache und eindeutige Sicht- und Hörzeichen
- er versteht sofort, dass beide Seiten richtig sind
- es ist egal, aus welcher Entfernung Sie rufen, es gilt immer
- wenn er bei Ihnen ist, ist noch einen Moment ruhiges Wohlfühlen angesagt, weil Sie ihm erzählen, was er für ein toller Hund ist
- er wird durch die Wiederholung der Übung sehr aufmerksam und sieht Sie nach jeder Übung an, ob noch was kommt
- und schließlich lernt er ein Sichtzeichen, das Sie sofort für verschiedene Situationen anwenden können, ohne ihn zu irritieren, denn egal wie Sie es einsetzen, er folgt immer der Hand, die ihn belohnt.

Das mindestens dreisilbige Signal hat auch nur Vorteile: Sie können es nicht unfreundlich und nur sehr schwer mit Druck sagen. Das ist schon eher etwas zum Singen.

Im Gegensatz dazu sind die beliebten Abrufsignale „Komm" und „hier" nicht so gut geeignet. „Komm" kommt unglaublich oft vor. Ihr Hund hört es gefühlt 20.000 Mal am Tag und so gut wie immer bedeutet es für ihn: nichts. Denn „komm" ist ein sehr beliebtes Füllwort, das wir auch dann verwenden, wenn es mit „kommen" überhaupt nichts zu tun hat. Und Bello soll das verstehen, das die beiden Male, wenn Sie ihn unterwegs tatsächlich abrufen wollen, dass er jetzt gemeint ist? Das kann leicht in die Hosen gehen. Bei uns heißt „komm": der angesprochene Hund kann kommen oder auch nicht.

Mit „hier“ ist es nicht ganz so dramatisch, das sagen Sie nicht so oft. Dafür hat das „i“ die unangenehme Eigenschaft sehr schrill zu werden, wenn es sehr dringend wird und Sie vielleicht ein bisschen aufgeregt sind. Falls Sie definitiv nicht anders können, als „komm“ und „hier“ zu verwenden, dann denken Sie sich einfach ein unverwechselbare Kombination aus, z.B. „Bello, komm hierher!“. Auch das können Sie freundlich singen.

Und jetzt noch ein paar Worte zum Loben. Sie müssen ihn sofort und ohne zu zögern loben, sowie er sich von seiner momentan Beschäftigung ab- und Ihnen zuwendet: genau, das möchte ich, mach weiter so! Und das müssen Sie vor allem beim Einüben beibehalten, bis er bei Ihnen ist. Der Grund ist nicht einfach, dass Bello sich sonst nicht bestätigt fühlt oder nicht weiß, was er tun soll, sondern der Hauptgrund sind: **SIE.** Wir Menschen setzen automatisch Prioritäten ohne lange nachzudenken. Sie rufen Bello, er kommt und in dem Moment spricht Sie jemand an. In den allermeisten Fällen drehen wir uns dann dem Menschen zu und vom Hund ab. Denn es wäre einfach unhöflich, dieses Anreden zu ignorieren. Für Ihren Hund bedeutet das aber: war nicht so gemeint. Sie drehen sich ihm wieder zu und sind total empört, weil er nicht gekommen ist. Aber wer hat die Verbindung unterbrochen? Er oder Sie? Wenn Sie allerdings mit ihm im Gespräch sind, dann werden Sie von außen nicht so leicht unterbrochen, denn ganz offenkundig sind Sie gerade beschäftigt und Sie konzentrieren sich auf das, worauf es im Moment wirklich ankommt: auf Ihren Hund. Und damit sind Sie viel leichter in der Lage, dem anderen Menschen kurz zu signalisieren: „Jetzt nicht“ und bei Ihrem Hund zu bleiben. Sie sind also wieder zuverlässig und machen dadurch auch Bello zuverlässig.

Ganz so einfach ist das „einfache Heranrufen“ also doch nicht, oder? Jedenfalls müssen Sie viel beachten, wenn das gut werden soll.

Auflösung „Schau und weiter“

Die Auflösung ist ein zentraler Bestandteil des Trainings. Sie benötigen die Auflösung nach jedem Ruhesignal, z.B. nach dem Herankommen mit Vorsitzen. Falls Sie das bisher mit einer legeren Geste und einem Wort wie „lauf“ gemacht haben, sollten Sie das ändern. Die Geste ist viel zu allgemein, um dem Hund eine klare Botschaft zu übermitteln, sie ist missverständlich, weil wir sehr oft einfach so rumfuchteln und uns dann wundern, wenn der Hund sich „unerwartet" aus einem Signal löst. Viele Hunde warten schon voller Spannung darauf, endlich laufen zu dürfen und starten durch wie die Raketen. Das kann zu ganz bösen Missverständnissen im Alltag führen.

Mit einer korrekt ausgeführten Auflösung erreichen Sie Folgendes:

- Bello versteht, dass nach bestimmten Signalen noch etwas kommt. Weil er gerne frei laufen möchte, beobachtet er Sie aufmerksam, damit er das nicht versäumt. Er nimmt also Blickkontakt mit Ihnen auf und lernt damit de facto zu fragen, wann er gehen kann.
- Sie bleiben immer aufrecht stehen. Dadurch haben Sie die Gesamtsituation im Blick und können das Auflösen evtl. noch ein bisschen hinauszögern.
- Da Sie dieses Auflösungssignal ruhig ausführen, lernt er ruhig von Ihnen wegzugehen.
- Vergessen Sie nie, dass er immer, immer zuerst mit Ihnen Blickkontakt aufnehmen muss, ehe er gehen darf. Wenn er Sie einmal ansehen muss und einmal nicht, lernt er es nicht richtig, weil Sie nicht zuverlässig arbeiten. Wenn Sie ihn dafür ruhig und freundlich loben und die Übung nicht zu lange hinauszögern, sollte das sehr schnell klappen.
- Das Handzeichen muss immer korrekt kommen, sonst düst Bello auf jede beliebige Handbewegung ab, auch wenn Sie das noch gar nicht möchten.
- Verwenden Sie bei der Auflösung immer mit Hör- und Sichtzeichen.
- Manchmal wollen die Hunde bei der Auflösung kein Leckerchen. Das ist kein Drama. Stopfen Sie es ihm nicht mit Gewalt rein. Die Belohnung ist dann eben, dass er mit seinem Freund spielen oder frei laufen darf.
- Achten Sie darauf, das Signal so aufzulösen, dass Bello auch wirklich in die von Ihnen gewünschte Richtung geht, d.h. wenn ein Jogger vorbeiläuft und Bello soll einen Moment warten, dann schicken Sie ihn bitte nicht hinter dem Jogger her, sondern in die andere Richtung.

Sie heben die Hand mit dem Leckerchen in Augenhöhe und sagen „Bello, schau ...". Führen Sie die Hand nach unten und im rechten Winkel in die Richtung, in die es weitergehen soll. Währenddessen sagen Sie: „... und weiter!" Ihr Körper folgt dieser Armbewegung und Sie gehen ein bis zwei

Schritte in die gewünschte Richtung, so geben Sie ihm den Weg frei. Dann bekommt er sein Leckerchen. Achten Sie aber darauf, dass Sie das Leckerchen nicht wegziehen!

Herankommen und Vorsitzen „Zu mir"

„Zu mir" ist ein Ruhesignal, das aufgelöst werden muss. Ihr Hund ist in Ihrer Nähe. Sie machen eine ausholende Armbewegung, die im Sitz-Zeichen endet, sprechen ihn gleichzeitig mit seinem Namen an und sagen das Signal für Herankommen und Vorsitzen „Zu mir". Sie loben ihn sofort, wenn er herankommt, wenn er sitzt, schließen Sie die Hand auf der Brust zur Faust, loben ihn freundlich und leise. Dann machen Sie das Zeichen und Signal zum Auflösen („Schau und weiter") und geben ihm den Weg frei. Jetzt bekommt er das Leckerchen.

Üblicherweise rufen sehr viele Menschen ihre Hunde immer ins Vorsitzen. Tatsächlich gibt es im Alltag sehr wenige Momente, in denen man dieses Signal braucht. Es eignet sich beispielsweise nicht gut zum Anleinen, da Sie sich über Ihren Hund beugen müssen, wenn Sie den Karabiner in dem dafür vorgesehenen Ring am Brustgeschirr befestigen wollen oder Sie müssen um ihn herumgehen. Sehr viel praktischer wäre es, wenn er seitlich vor oder neben Ihnen steht. Auch für den ganz normalen alltäglichen Rückruf, den Sie tagsüber immer wieder benötigen, ist es nicht gut geeignet, da viele Hunde einfach genervt sind von der doch recht aufwendigen Prozedur, sich vielleicht nicht hinsetzen wollen oder zu oft korrigiert wurden. Sinnvoll anwenden kann man es in manchen Situationen im Antijagdtraining oder wenn Sie den Hund in eine bestimmte Position bringen möchten. Das kann beispielsweise beim Trailen sein, wenn Sie den Hund so positionieren möchten, dass er mit dem Rücken zum Trail sitzt oder steht, bevor Sie ihm den Geruchsgegenstand geben. Während man einen guten Rückruf aufbaut, kann das Herankommen mit Vorsitzen eine gute Variante sein, die dann besonders belohnt wird. Die Belohnung sollte auch deutlich höher ausfallen als beim einfachen Herankommen.

Beachten Sie aber bitte sehr genau, ob Ihr Bello sich gerne und ohne Anzeichen von Schmerzen hinsetzt. Sollten Sie das Gefühl haben, dass er lieber steht, dann machen Sie einfach ein Vorstehen daraus. Das Sichtzeichen ändern Sie dann so, dass zum Schluss die Hand mit der Handfläche nach oben vor Ihrem Bauch zur Ruhe kommt, so als würden Sie den Hund zu sich ziehen. Die Handfläche muss nach oben zeigen, damit es keine Verwechslung mit dem üblichen Handzeichen für „Leg dich hin" gibt.

Beim Trailen kann Vorsitzen am Ansatz sinnvoll sein

Anleinen „Komm an die Leine"

Dieses Signal muss nicht aufgelöst werden, weil Sie Ihre Pelznase an der Leine haben. Nehmen Sie fünf Leckerchen in die Hand und rufen Ihren Hund mit „Schau mal her" zu sich. Geben Sie ihm ein Leckerchen fürs Kommen. Mit der anderen Hand halten Sie den Karabiner der Leine hoch, so dass er die Bewegung sieht. Klicken Sie mit dem Karabiner und geben Sie ihm ein Leckerchen. Das wiederholen Sie drei Mal. Dann sagen Sie: „Bello, anleinen" oder „Bello, komm an die Leine" und hängen den Karabiner ein. Gleichzeitig geben Sie ihm ein Leckerchen. Sowohl das Klicken als auch das Signal ist hiermit ein Abrufsignal. Wenn das gut klappt, rufen Sie ihn mit „Bello, anleinen" und mit dem Karabinerklick. Üben Sie das so zwei bis drei Tage, bis es sicher funktioniert. Dann geben Sie ihm nur noch ein Leckerchen, wenn Sie den Karabiner einhängen, und irgendwann brauchen Sie das Leckerchen nur noch in schwierigen Situationen.

Manche Hunde kapieren das schon nach den ersten Übungen. Wenn Ihr Bello auch so schnell dabei ist, reicht es vollkommen aus, wenn Sie ihm sein Leckerchen geben, sobald Sie den Karabiner einhängen. Früher sollte er es nicht bekommen, da manche Hunde sich gerne mal das Leckerchen holen und nicht auf die Fortsetzung warten wollen.

Fünf Leckerchen zum Üben brauchen Sie, weil

- er das erste fürs Herankommen bekommt
- er damit lernt, ruhig bei Ihnen stehen zu bleiben und darauf zu warten, wie es weiter geht
- Sie ihn sehr gut in die Position dirigieren können, in der Sie bequem die Leine einhängen können, ohne sich über ihn zu beugen.

Sobald er verstanden hat, um was es geht, lassen Sie die Leckerchen bis auf das zum Schluss weg.

Das Zauberwort: Herankommen und Kontaktaufnahme unter großer Ablenkung und großer Distanz

Das Zauberwort ist ein Bewegungssignal. Denken Sie sich eine Wortkombination aus, bei der Sie sicher sind, dass Bello sofort kommen wird. Das kann z.B. sein „Kuckst du“ oder „Juhu“ oder „Kehr um“ ... was Ihnen am besten zusagt. Einer meiner Kunden, der schon ein sehr alter Herr ist, hat sich für den Namen eines bereits verstorbenen Hundes entschieden, weil er sich was Neues nicht merken wollte. Dieser Hund kam auf jedes Rufen sofort zu ihm und er hat ihn so wunderbar in Erinnerung bewahrt.

Nehmen Sie einige Leckerchen in die Hand, Bello steht bei Ihnen, Sie sprechen ihn an: „Bello, kuckst du!“, und wenn er Sie ansieht, werfen Sie die Leckerchen vor ihn auf den Boden. Während er sie frisst, freuen Sie sich ein Loch in den Bauch, so dass Bello deutlich merkt: das ist jetzt richtig, richtig gut.

Während er sucht und Sie sich freuen, können Sie sich ganz langsam in kleinen, wenigen Schritten rückwärts wegbewegen und noch ein paar Leckerchen um sich rum verteilen. Damit dehnen Sie das tolle Suchspiel etwas aus und erhöhen seine Motivation, im Ernstfall zu Ihnen zu kommen. Das wiederholen Sie einige Male.

Nach einer kleinen Pause warten Sie, bis er ein wenig von Ihnen entfernt ist, Sie sprechen ihn wieder an: „Bello, kuckst du!“, und sobald er sich umdreht, werfen Sie die Leckerchen sichtbar neben sich auf den Boden. Das ist wichtig! Denn Sie wollen ja, dass er umdreht, also muss er deutlich sehen, wohin die Leckerchen fliegen. Außerdem fangen Sie jetzt an, sehr fröhlich Ihr Signal zu jubeln, denn gleich kommt das total schöne Leckerchensuchen, da freuen Sie sich genauso drauf wie Bello. Das bauen Sie ganz allmählich aus. Erst ist er noch weiter weg, dann werfen Sie die Leckerchen zunehmend im hohen Bogen hinter sich, und zwar immer in dem Moment, wo er sich umdreht und die Leckerchen fliegen sieht. Das ist deshalb wichtig, weil er dann in die entgegengesetzte Richtung wie ursprünglich beabsichtigt läuft und damit in Ihrem Sinn seine Prioritäten ändert: hin zu Ihnen und dem tollen Suchspiel.

Ein wichtiger Aspekt ist: wenn Sie zwischen ihm und der Ablenkung stehen und er begeistert die Leckerchen sucht, können Sie ihn in aller Ruhe anleinen. In Ernstsituationen sollten Sie also viele Leckerchen werfen. Es schadet nichts, wenn diese eher klein sind, damit muss er gründlicher und konzentrierter suchen und Sie haben genug Zeit, um ihn anzuleinen.

Wenn das gut klappt, fangen Sie an, auf Spaziergängen, im Garten, im Haus, wo auch immer, ihn ab und zu so zu sich zu rufen. Das machen Sie nicht zu oft und auch nicht jeden Tag, aber immer mal wieder ohne Ablenkung. Die meisten Hunde finden das großartig und so soll es auch sein. Nach vielleicht ein bis zwei Wochen suchen Sie Ablenkungen: ein Fahrradfahrer fährt in einiger Entfernung vorbei, Sie sind in einer wildreichen Gegend und es riecht nach Rehen, die Nachbarskatze läuft über die Wiese..... Sichern Sie gut ab, dass es klappt, z.B. mit einem Zaun dazwischen oder indem Sie Bello vorher an eine lange Leine nehmen. Je besser Ihr Ergebnis ist, umso eher können Sie die Ablenkungen steigern.

Rückruf mit der Pfeife

Abpfeifen ist ein Bewegungssignal. Pfeifen sind eine wunderbare Einrichtung zum Rückruf. Es ist ein neutrales Geräusch, das auch alte und schwerhörige Hunde gut hören, das unverwechselbar ist, denn Sie benutzen immer die gleiche Pfeife, und das zudem ganz leicht aufgebaut werden kann. Auch wenn Sie gut und kräftig auf den Fingern oder durch die Zähne pfeifen können, rate ich Ihnen zum Kauf einer vernünftigen Hundepfeife. Im Winter haben Sie vielleicht Handschuhe an oder Ihre Lippen sind steif, da ist die Pfeife zuverlässiger.

Sog.„stumme" Hundepfeifen, sind nicht zu empfehlen, da sie nicht wirklich stumm sind, sonst würden sie ja nicht funktionieren. Es handelt sich um sehr hohe Töne, die teilweise schon um Ultraschallbereich sind. Wir hören sie nicht oder nur sehr schwach, Hunde sehr wohl. Das Problem ist: da Sie den Pfiff bei diesen Pfeifen selber nicht hören, besteht die Gefahr, dass Sie viel zu stark hineinpusten und Ihrem Hund die Ohren fast davonfliegen. Das tut ihm weh und er möchte lieber nicht zur Quelle dieses Schmerzes kommen.Wählen Sie eine Horn-, Kunststoff- oder Holzpfeife, da können Sie nichts falsch machen. Je nachdem, wie weit Bello weg ist, können Sie auch lauter oder leiser pfeifen.

Den Rückruf mit der Pfeife bauen Sie entweder wie das Zauberwort oder wie „Schau mal her" auf. Beim Aufbau wie das Zauberwort sagen Sie zuerst Ihr Zauberwort und pfeifen sofort, wenn er sich umdreht. Der Aufbau wie „Schau mal her" ist noch einfacher, da Bello das Sichtzeichen und die Übung schon kennt. Sie nehmen einfach die Pfeife in den Mund und anstelle „Schau mal her" zu sagen, pfeifen Sie leise und sanft.

Manche Menschen nehmen dazu die Superbelohnung. Das bedeutet, dass Bello supertolle Leckerchen aus einer Dose bekommt, in der bis zum Schluss des Spaziergangs noch etwas drin ist. Für viele Hunde ist diese Belohnung noch toller, wenn sie etwas heraus fressen dürfen, andere möchten lieber noch ein Bröckchen und noch eins aus Ihrer Hand, andere suchen lieber am Boden... Testen Sie aus, was Ihr Hund am tollsten findet. Auch hier ist ein ganz wichtiger Moment, dass Sie ihn anleinen können. Ich höre immer wieder die Theorie, dass die Hunde nicht mehr kommen wollen, wenn sie dann jedes Mal angeleint werden. Natürlich sollen Sie das nicht jedes Mal machen, wenn Sie die Übungen mit Abpfeifen oder Zauberwort mit ihm durchführen. Aber im Ernstfall muss das möglich sein. Oder wollen Sie, dass er nach erfolgreicher Leckerchensuche abdreht und weiter dem Jogger hinterher hetzt? Variieren Sie doch einfach. Mal hängen Sie den Karabiner ein, mal nicht, einfach so, ohne Anlass.

3. Zunehmende Ablenkung

Die Ablenkung müssen Sie langsam steigern. Unter „langsam" sollten Sie auch wirklich „langsam" verstehen. Langsam bedeutet, dass Sie in winzigen Schritten voran gegangen und sicher sind, dass Bello zu ca. 80 % richtig reagiert. Denn nur wenn er verstanden hat, was er tun soll und was Sie wann von ihm wollen, bekommen Sie Vertrauen in ihn und sich, dass Sie auch tatsächlich die richtigen Anweisungen im richtigen Moment geben. Für die Ablenkung bedeutet das: die ist so minimal, dass Bello immer noch einen Teil seiner Aufmerksamkeit bei Ihnen haben kann. Mit der Nase im Mausloch, das er bereits einen halben Meter tief ausgebuddelt hat, haben Sie ganz schlechte Karten, aber wenn jemand, den er gerne mag, Ihren Garten verlässt und er kuckt hinterher, dann sieht das schon besser aus, besonders, wenn Sie anfangs warten, bis der Freund außer Sichtweite ist. Sie müssen also jede Situation entsprechend üben und dem Ausbildungsstand Ihres Hundes anpassen. Wenn Sie nicht sicher sind, ob es klappt, dann rufen Sie ihn nicht. Gehen Sie einfach hin und nehmen ihn an die Leine oder leinen Sie ihn erst gar nicht ab. Legen Sie eine Liste an, welche Ablenkung wie gefährlich ist. Mit der niedrigsten Stufe fangen Sie an und arbeiten sich langsam nach vorne.

Absichern

Falls Ihr Hund einen guten Hundekumpel hat, können Sie folgende Übung machen: Beide Hunde dürfen auf einem mit Zaun gesicherten Gelände spielen, dann werden beide angeleint und der Kumpel geht raus und verschwindet kurz um die Ecke. Sie leinen Bello ab, in der Regel läuft er hinterher, Sie rufen ihn ab und belohnen und loben ihn fürstlich, wenn er kommt. Sein Kumpel kommt mit seinem Menschen wieder an die Tür, Bello läuft hin, Sie rufen ihn zu sich. Wenn er kommt, freuen Sie sich ein Loch in den Bauch und belohnen ihn ganz toll und zur Superbelohnung kommt sein Kumpel rein und das Spiel geht weiter.

Falls er nicht kommt, was passieren kann, sondern am Tor stehen bleibt, dann verschwindet sein Freund wieder. Sie wiederholen die Übung wie beschrieben und jetzt sollte es auch klappen. Ein Grund, warum es nicht klappt, kann sein, dass Sie zu weit weg stehen. Machen Sie es ihm bitte einfach. Gehen Sie im Halbkreis in wenigen Metern Entfernung um ihn herum und sowie er nur in Ihre Richtung schaut, freuen Sie sich maßlos, machen ein paar winzige Schritte von ihm weg und eine auffordernde Handbewegung.

Wenn das immer noch zu schwierig ist, waren Sie vielleicht immer noch zu weit weg. Gehen Sie so nahe an ihn heran, dass Sie auch nur eine winzige Bewegung in Ihre Richtung sofort loben können. Wenn Sie direkt neben ihm stehen, ist das kein Problem. Es geht um einen kurzen Moment Aufmerksamkeit, den Sie dann langsam ausbauen. Falls Sie gerne klickern, können Sie diesen Moment auch gerne klickern.

Wenn Sie das ohne Zaun beim gemeinsamen Spaziergang üben möchten, nehmen Sie ihn an eine lange, leichte Leine (max. 10 Meter). Natürlich kennen Hunde den Unterschied zwischen angeleint und Freilauf. Aber wenn er ein paarmal am Zaun und mit Schleppleine erfolgreich war und hinterher zur Belohnung mit seinem Freund spielen durfte, wird er sich wesentlich leichter tun, auch ohne Leine zu kommen.

Steigerung der Ablenkung

Werden Sie bitte nicht übermütig! Wenn er abgesichert richtig gut mit Ihnen gearbeitet hat, dann lassen Sie es gut sein. Hören Sie immer auf, wenn es total gut war. Wiederholen Sie beim nächsten Training die letzte Stufe und wenn Sie erfolgreich sind, führen Sie eine weitere Ablenkungsstufe ein. Falls es nicht so gut geklappt hat, bringen Sie die Übung zu einem guten Abschluss und genießen den Rest des Tages mit Ihrer Pelznase. Je langsamer Sie die Ablenkung steigern, umso besser versteht Bello, was Sie wollen und umso gründlicher wird das Ganze gefestigt.

Vermeiden Sie bitte jede Form von Ehrgeiz: bis zu diesem Termin MUSS der Rückruf klappen. Nein, muss er nicht. Es ist kein Drama und auch keine Schande, wenn man seinen Hund über einen bestimmten Zeitraum überwiegend an der Leine führt, um den Trainingserfolg nicht zu gefährden. Aber es ist unnötiger Leichtsinn, mit seinen erreichten Erfolgen zu spielen. Ebenso ist es enorm wichtig, rechtzeitig aufzuhören. In dem Moment, wo in Ihnen der Gedanke hochkommt: „Das war jetzt so toll, das machen wir gleich nochmal!" muss vor Ihrem geistigen Auge ein Stoppschild auftauchen. Nix da! Jetzt war alles so toll, jetzt hören wir auf, weil es nur schlechter werden kann. Und wir beenden jede Übung mit einem guten Gefühl, das wir mit in den Alltag und ins nächste Training nehmen.

4. Pausen

Einer der wichtigsten Punkte in jedem Training sind die Pausen. Pausen bewirken, dass sich das Gelernte setzen und Ihr Hund verarbeiten kann, was wir ihm Neues gezeigt haben. Wir machen deshalb Pausen im Training, d.h. nach einer Trainingseinheit, die immer mit einem Erfolg endet, macht Ihr Hund Pause. Wie lange diese Pausen sind, ist von verschiedenen Faktoren abhängig. Falls Sie beim Spaziergang bei der ersten Übung ein richtig tolles Abrufergebnis hatten, sollte die Pause sofort einsetzen. Lieber nehmen Sie Bello bei der nächsten, unkomplizierten Gelegenheit an die lange Leine, als dieses tolle Erlebnis zu relativieren.

Das bedeutet auch, dass Sie an manchen Tage überhaupt nicht trainieren, z.B. weil Sie zu wenig Zeit haben, schlecht drauf sind, Ihr Hund den Eindruck macht, als würde er heute garantiert nicht kommen, jede Übung durch irgendeinen Blödsinn unterbrochen wird und Sie einfach zu keinem Ziel kommen ....

Es gibt viele Gründe, warum an dem einen oder anderen Tag kein Training möglich ist. Solange Sie nicht jeden Tag einen Grund (oder eine Ausrede?) finden, dass ausgerechnet heute Rückruftraining schon wieder nicht möglich ist, sind Trainingspausen eine nützliche Sache. Sie können auch verschiedene Signale an unterschiedlichen Tagen trainieren, da es nicht notwendig ist, immer alles auf einmal zu machen.

In längeren Pausenzeiten sorgen Sie dafür, dass er immer gut abgesichert ist und sich keine Situation entwickelt, aus der Sie ihn abrufen müssen. Er darf also in der Nähe von Gefahrenquellen (Fahrradweg, Joggerstrecke, wildreiches Gebiet...) zu solchen Zeiten nur abgesichert mit einer entsprechend langen Leine laufen.

5. Trainingstagebuch

Besorgen Sie sich ein Trainingstagebuch, in dem Sie von Anfang an dokumentieren, wo Sie angefangen haben und wie sich das Training entwickelt hat. Wenn Sie das nicht tun, ist es manchmal schwer, die positive Entwicklung zu verfolgen. Denn wenn Ihr Hund „eigentlich immer" abdüst, wenn er eine Katze sieht, und er kommt doch immerhin schon, wenn die Katze weit genug weg ist, dann ist das ein Riesenerfolg. Aber Sie merken es nur dann, wenn Sie es sich auch notieren: Heute ist Bello das erste Mal gekommen, obwohl in 100 Metern Entfernung eine Katze vorbeiging und er sie sicher gesehen hat.

Sie besorgen sich also ein Schreibheft, in dem Sie alles notieren, alle Listen wie die Leckerchen-Hitliste, die neuen Signale und die möglichen Ablenkungen. Hier schreiben Sie sich auf, welches Programm Sie jeweils vorhaben und wie das Training ausgefallen ist: Fortschritte und auch Rückschritte, die es immer gibt, alles, was eben mit dem Abruftraining zusammenhängt.

Wenn Sie gründlich und gut arbeiten, und alles aufschreiben, dann werden Sie recht schnell einen deutlichen Erfolg feststellen und dann können Sie auch viel gelassener hinnehmen, wenn mal was schief gegangen ist. Denn Lernen erfolgt in Kurven. Das bedeutet, dass es mal richtig steil bergauf geht, aber auch wieder bergab. Das ist nicht schlimm. Denn wenn man etwas Neues gelernt hat, muss man immer mal wieder überprüfen, ob das Alte nicht doch besser ist.

Mit dem Trainingstagebuch können Sie überprüfen, ob es tatsächlich langsam, aber sicher, besser wird oder ob das Training stagniert. Dann müssen Sie überlegen, was schief läuft und das korrigieren. Aber denken Sie daran: am Hund liegt's nie.

6. Abruf von zwei, drei ... Hunden

Der Trend zur Mehrhundehaltung nimmt zu. Das kann ich sehr gut nachvollziehen, denn es ist einfach schön, mit mehreren Hunden zusammen zu leben, wenn man es sich leisten kann. Das bedeutet nicht nur, dass man einen größeren finanziellen Aufwand betreiben muss, sondern auch, dass man mehr Zeit braucht, um eine größere Hundegruppe zu koordinieren und zu betreuen. Sie müssen den Bedürfnissen jedes einzelnen gerecht werden, alle müssen Kompromisse machen und die Hunde müssen gerne zusammen leben. Auch die Erziehung, z.B. das Herankommen und Mitkommen, sollte mit mehreren Hunden klappen.

Das hört sich komplizierter an, als es ist. Idealerweise haben Sie bereits einen Hund, der das alles kann. Alle Hunde, die nach ihm bei Ihnen einziehen, lernen nicht nur im Einzeltraining, welches Signal was bedeutet, sondern sie sehen auch an ihren Vorgängern, was Sie meinen, wenn Sie etwas sagen.

Manche KollegInnen bauen den Rückruf so auf, dass sie nur den Hund loben und belohnen, den Sie auch gerufen haben. Das kann man natürlich machen, aber ich halte es nicht für sinnvoll. Gerade der Neuling muss für jede Aktion, die er auch nur ansatzweise richtig macht, prompt und sofort gelobt und belohnt werden. Wenn Sie also Alfi gerufen haben und Fiffi kommt auch mit, dann freuen Sie sich bitte ein Loch in den Bauch, weil er das jetzt richtig gut verstanden hat, dass „Schau mal her" bedeutet, dass die Hunde kommen sollen.

Der grundsätzliche Aufbau muss mit jedem Hund einzeln erfolgen. Das ist schon deshalb wichtig, weil manche Hunde im Leckerchen-Abstauben sehr fix sind. Es kommt immer wieder bei meinen Hundeschulkunden vor, dass ein Hund wunderbar auf jeden Rückruf kommt, der andere – oder die anderen – aber sehr zögerlich folgen oder gar nicht kommen. Denn Nummer 1 schnappt ihnen immer die Futterbelohnung weg. Wenn jeder Hund für sich erst mal gelernt hat, dass er gelobt und belohnt wird, sich das Kommen also lohnt und Spaß macht, dann muss man einen Modus finden, wie man alle Hunde belohnt. Das kann man auf verschiedene Art und Weise lösen.

Eine Möglichkeit ist, dass jeder Hund seine Belohnung in der Reihenfolge bekommt, wie er bei Ihnen eintrifft. Sollten alle einigermaßen gleich schnell sein, können Sie auch einen nach dem anderen belohnen und immer den Namen dazu sagen: Bello, Fiffi, Susi... Jeder Hund weiß also, wann er dran ist und seine Belohnung sicher bekommt. Interessanterweise bleiben auch dann Hunde am Ball, die mit Futterbelohnung sonst nicht so sehr zu begeistern sind. Denn wenn alle was kriegen und ganz sicher ist, dass keiner dazwischen funkt, dann möchte auch jeder sein Würstchen.

Noch spannender wird's, wenn die Reihenfolge variiert und Sie noch eine Belohnungsrunde machen, falls alle ganz prompt gekommen sind und es besonders schwer war, starten Sie noch eine dritte Runde. Dann bleiben alle sicher da, denn das will niemand versäumen. Sind Sie bitte sehr großzügig mit Ihren Belohnungen. Bei Mehrhundehaltung ist es viel wichtiger, dass der Rückruf gut klappt. Mit der Belohnung zu sparen ist falsche Sparsamkeit, die sich sicher rächt, wenn's ernst wird.

7. Trainingsfallen – was Sie besser vermeiden, um den Trainingserfolg abzusichern

Die Ersatzdiskussion

Wir verlangen von Hunden sehr oft Dinge, die mit der eigentlichen Aufgabe nichts zu tun haben. Das beste Beispiel dafür ist das Vorsitzen nach dem Rückruf. Sie finden, dass es einfach supertoll aussieht, wenn ihr Fiffi angedüst kommt wie eine Rakete, sich dann gerade vor Sie hinsetzt und aufmerksam ansieht. Dafür möchten Sie ihn dann auch gerne loben und belohnen. Klasse! So stellen Sie sich das vor. Fiffi vermutlich nicht. Er war gerade in eine wichtige Untersuchung vertieft, weil seine beste Freundin heute schon vorbei gekommen ist und trotzdem hat er auf Ihr Rufen gehört. Für das schnelle Kommen hört er erstmal nichts, dafür hört er „Sitz". Er setzt sich hin, aber das ist ja nicht gerade. Also versuchen Sie ihn dazu zu bringen. Fiffi ist schon ganz genervt, aber bitte, dann eben anders hinsetzen. Jetzt soll er Sie aber auch noch ansehen. Stattdessen gähnt er lautstark. Irgendwann gibt's dann auch ein halbherziges Lob und ein Leckerchen und er darf wieder gehen.

Oder: Ihre Susi ist läufig und setzt sich nicht so gerne hin, weil ihr das unangenehm ist. Oder: Alfi findet es nicht lustig, wenn er seine besten Stücke auf pieksigem Untergrund platzieren soll. Oder Bruno hat HD und das Hinsetzen tut ihm einfach weh, oder, oder, oder ...

Es gibt viele Gründe, warum Hunde etwas nicht machen wollen. Anstatt uns darauf zu konzentrieren, was wir von ihnen tatsächlich möchten: „komm auf dem schnellsten Weg zu mir", machen wir es ihnen mit Anforderungen, die aber auch gar nichts mit dem Rückruf zu tun haben, richtig schwer. Dann diskutieren wir ewig mit ihnen rum, dass sie sich doch bitte hinsetzen sollen und zwar prompt und gerade und Blickkontakt hätten wir auch noch gerne..... Und dann wundern wir uns, warum Bello erst mal wieder zögerlicher kommt und irgendwann gar nicht mehr.

Versetzen Sie sich doch einfach in seine Lage. Wie toll finden Sie es, wenn Sie in der Arbeit eine Aufgabe richtig gut mit viel Freude erledigt haben, aber Ihr Chef meckert rum, weil Sie den Bericht auf gelbem anstatt auf blauem Papier ausgedruckt haben, weil er lieber Arial als Times haben möchte und eine andere Schriftgröße sowieso. So geht es Ihrem Vierbeiner, wenn Sie sich nicht auf das konzentrieren, was Sie von ihm wollen, ihn für gut befolgte Anweisungen nicht loben und belohnen und stattdessen über ganz andere Sachen diskutieren.

Lassen Sie das lieber bleiben. Achten Sie darauf, dass alles, was er in Ihrem Sinne richtig und gut macht – und damit meine ich nicht nur den Rückruf –, angemessen gewürdigt wird. Dann weiß er, was Sie wollen und macht es auch noch gern.

Beschwichtigungssignale

Oben haben Sie gelesen, dass Fiffi lautstark gähnt, wenn Sie von ihm gerades Vorsitzen einfordern: er beschwichtigt. So etwas zu übersehen, kann zu einem Problem werden. Beschwichtigungssignale sind die wichtigste Kommunikationsform, die wir mit unseren Hunden haben. Wir verstehen sie, wir können sie ebenfalls anwenden, sie sagen uns, wie der Hund sich fühlt, wir sehen sofort, wenn unsere Botschaften angekommen sind... Das Dümmste, was uns im Training passieren kann, ist ein Beschwichtigungssignal zu sehen, es zwar richtig einzuordnen, aber zu sagen: Naja, wird schon nicht so schlimm sein, das ziehen wir jetzt durch, ist ja gleich vorbei. Im obigen Beispiel kann das Übersehen oder nicht Ernstnehmen des Gähnens, das ein sehr starkes und deutliches Signal ist, bewirken, dass Ihr ganzes Rückruftraining für die Katz ist.

Anderes Beispiel: ohne es zu merken, wirken Sie auf Ihren Hund bei einer Übung bedrohlich. Normalerweise hat er keine Probleme mit Ihnen und Ihrer Körpersprache, aber heute wirkt er sehr zögerlich beim Herankommen, er läuft einen Bogen, er leckt sich den Nasenspiegel, er verkürzt den Blick. Er zeigt Ihnen mit allem, was er hat, dass er sich nicht wohl fühlt. Sie finden, dass das jetzt doch kein Problem sein dürfte, schließlich klappt das „Schau mal her" in der Regel schon sehr gut und Sie bestehen darauf, dass er kommt. Natürlich merkt er, dass Sie unzufrieden sind, da Sie ihn nicht richtig loben. Bei der nächsten Übung kommt er noch langsamer und es klappt von Mal zu Mal schlechter, da Sie mittlerweile schon wieder auf 180 sind: Jetzt haben wir das soo lange geübt und es lief schon richtig gut und jetzt sowas! Leider, leider neigen wir dann fast immer dazu, dem Hund die Schuld zu geben.

Wenn Sie die Beschwichtigungssignale gleich beachtet, bzw. überprüft hätten, warum er meint, beschwichtigen zu müssen, dann hätten Sie vielleicht festgestellt, dass Sie gegen die Sonne stehen, sich zu wenig bewegt haben und wie ein schwarzer Klumpen wirken. Oder Sie hätten gesehen, dass in einiger Entfernung ein Hund vorbei geht, vor dem er Angst hat und dem er nicht gerne zu nahe kommen möchte, oder, oder, oder ... Natürlich muss das nicht immer gleich so enden, aber wenn mein Hund mir mitteilt, dass es ihm gerade nicht so gut geht, dann sollte ich einfach überprüfen, warum das so ist. Damit vermeide ich Fehlverknüpfungen, die meine ganze Arbeit über den Haufen werfen können.

Brustgeschirr und lange Leine

Manche Menschen rufen ihren Hund zu sich und sowie er in greifbarer Nähe ist, grapschen sie nach dem Halsband. Das ist für die Hunde außerordentlich unangenehm. Zum einen wird sofort nicht zu knapp am Halsband gezogen und damit der Hals malträtiert, zum anderen lernen die Hunde sehr schnell die Grapschhand im Auge zu behalten und ihr fern zu bleiben. Im ungünstigsten Fall kommt so ein Hund nur maximal auf ein bis eineinhalb Meter in Ihre Nähe. Die Variante der Schlaumeier ist, dass sie die Grapschhand im Auge behalten, sich schnell das Leckerchen aus der anderen Hand schnappen und weg sind sie.

Um den Schmerz und die unerfreulichen Folgen eines Leinenrucks zu vermeiden, sollte Ihre Pelznase sowieso ein Brustgeschirr tragen. Damit vermeiden Sie das Zuppeln am Hals. Das macht es Ihrem Hund deutlich leichter. Zudem können Sie ihn beim An- und Ableinen so vor sich hin dirigieren, dass er seitlich vor Ihnen steht. Sie müssen nicht mehr an seinem Hals rumfummeln und beugen sich nicht über seinen Kopf.

Die Leine sollte mindestens drei Meter lang sein. Auch mit einer 3-Meter-Leine können Sie die einfachen Abrufubungen oder das Zauberwort auf bauen. Außerdem hat Bello dann genügend Platz, wenn er mal hier, mal da schnüffeln möchte und hängt nicht gleich in der Leine. Ihre Nähe wird auch dadurch deutlich angenehmer für ihn. Für Übungen, zu denen Ihr Hund weiter weg gehen soll, besorgen Sie sich eine genügend lange Leine zwischen fünf und 15 Metern, je nachdem, was für Ihre Übungen sinnvoll ist.

Zeit

Vielleicht klappen die neuen Signale so prima, dass es Ihnen einfach einen Riesenspaß macht, sie dauernd zu probieren. Herrje, ist das schön, dass Bello jetzt endlich folgt! Sehr schnell werden Sie merken, dass der Eifer Ihres Hundes zügig nachlässt. Denn er möchte einfach mal in Ruhe schnüffeln, den Hund dort drüben beobachten, kucken, was der Mann auf der Leiter macht oder auch einfach so vor sich hin laufen beim Spaziergang. In 20 Minuten 30 Mal abgerufen werden, das macht auch dem brävsten Hund keinen Spaß. Ein Hund, der dann noch folgt, ist nicht gut erzogen, sondern eine Gehorsamsmaschine.

Außerdem dürfen Sie nicht zu schnell voran gehen. Sie können nicht erwarten, dass er von jetzt auf gleich angeeilt kommt wie der Blitz, nur weil Sie angefangen haben, mit ihm zu trainieren. Bauen Sie die Übungen langsam und gründlich auf, vergessen Sie nicht, Pausen zu machen und lassen Sie sich mit Ihrem Hund Zeit: Er muss verstehen:

- was bedeutet das neue Signal?
- was wollen Sie von ihm?
- es muss auch unter Ablenkung klappen!

Also geben Sie ihm die Zeit, die er braucht. Je mehr Geduld und Zeit Sie am Anfang haben, umso schneller geht es später. Und denken Sie immer daran: erst Grundschule, dann höhere Schule, dann Abitur, dann Studium, dann Hochschulabschluss. Zu schnelles Vorangehen verführt Ihren Hund immer wieder zu Fehlern, erzeugt Missverständnisse, vermiest Ihnen das Training und Sie fallen nur von einen Misserfolg in den anderen.

Zwischenschritte

Die eine Seite ist die Übung ohne Ablenkung, die andere der Alltag, der den größten Teil unserer Zeit beansprucht. Und da gehen Sie so spazieren, dass Sie Ihren Hund entweder sicher abrufen können oder er läuft an der Leine. Außerdem müssen Sie Zwischenschritte einbauen, um die Ablenkung langsam zu steigern.

Wir üben deshalb:

- erst in der Hundeschule und / oder in der Wohnung und im Garten
- beim Spaziergang an langer Leine
- dann mit der geringsten Ablenkung, z.B. mit Kumpel am Zaun, wie oben beschrieben
- schließlich mit gesteigerter Ablenkung

Die gesteigerte Ablenkung kann so aussehen: Bello lässt sich ungern abrufen, wenn andere Hunde in der Nähe sind, weil er Hunde einfach toll findet. In der Hundeschule klappt das schon ganz gut und auch die Zaunübung haben Sie gut absolviert. Sie bitten einen Freund mit einem sozial verträglichen Hund, den Ihr Vierbeiner noch nicht kennt, in der Nähe zu bleiben, während Sie mit Ihrem Bello abrufen üben. Er kann Ihnen z.B. entgegenkommen oder auf einem Weg vorbeigehen, während Sie auf der Wiese sind. Der fremde Hund muss so weit weg sein, dass Bello die Übung gut mitmachen kann, obwohl er sich für den Hund interessiert. Ist der Hund zu nahe, wird die Spannung zu groß und es klappt nicht. Dann vergrößern Sie einfach den Abstand.

Der erste Zwischenschritt ist, dass Bello an einer langen Leine abgesichert ist, so dass er auf gar keinen Fall zu dem anderen Hund hin kann. Klappt alles sehr gut, dann können sich die beiden gerne mal begrüßen oder auch eine Runde laufen. Danach bauen Sie die Übung am Zaun ein, damit er versteht, dass das auch bei diesem Hund gilt.

Der nächste Schritt könnte sein, dass der Hund sehr weit weg ist und Bello sehr nah bei Ihnen, aber es ist kein Zaun mehr dazwischen oder keine Leine dran.... So können Sie ganz langsam die Ablenkung steigern, bis Ihr Freund mit seinem Hund vorbeigeht und Bello kommt trotzdem.

Zusätzliche Motivation

In jedem und vor allem im obengenannten Fall sollten Sie unbedingt dafür sorgen, dass Ihre Pelznase vorher, zwischendrin mal und zum Schluss mit seinem neuen Freund spielen bzw., dass er etwas Nettes tun darf, das Entspannung ins Training bringt. Warum? Vielleicht haben Sie bei der Analyse Ihres Problems festgestellt, dass Ihr Hund Abrufen ziemlich frustrierend und nervig findet und deshalb nicht kommen möchte. Er würde eben lieber weiter spielen. Wenn er jetzt merkt, dass er immer wieder mit seinem Kumpel frei laufen kann und dann wird weitergeübt, wird er sich leichter davon überzeugen lassen, dass das Herankommen gar nicht so dramatisch schlimm ist.

Vielleicht stöbert er auch für sein Leben gern im Gebüsch nach weggeworfenen Wurstbrötchen. Wenn er also trotz Wurstbrötchen in der Nähe gekommen ist, dann lassen Sie ihn gleich drauf im Gras supertolle Leckerchen suchen. Und um ihn zukünftig vor eventuellen Giftköder zu bewahren, machen Sie mit ein nettes Anti-Giftköder-Training.

Finden Sie heraus, was für ihn am schönsten ist. Je besser Sie darin sind, für Ihren Hund die richtige Motivation zu finden, um so sicherer wird das Training klappen und es macht auch mehr Spaß.

Das ewige Anleinen oder andere unangenehme Dinge

Auch wenn Sie das Signal „Anleinen" oder „Komm an die Leine" positiv aufgebaut haben, wird Ihr Bello es nicht witzig finden, wenn er jedes Mal, wenn er Sie ihn rufen, angeleint wird. Oder Sie rufen ihn nur zu sich, um ihm ein anderes Signal zu geben, z.B. „Sitz". Oder Sie möchten jedes Mal mit ihm was vorführen. Oder Sie möchten sich und anderen Menschen dauernd beweisen, dass er jetzt endlich kommt, weil Sie ja so intensiv mit ihm gearbeitet haben. Bello wird das aber nicht so toll finden, weil ihn nervt das, wenn er dauernd von seinen Beschäftigungen abgerufen wird, nur damit Sie Ihre Führungsqualitäten unter Beweis stellen können. Man muss seinen Hund nicht pausenlos rufen. Aber wenn Sie ihn rufen, dann machen Sie ihm das Kommen leicht und angenehm.

Das Weglassen der Belohnung oder: „Das kann er jetzt schon. Jetzt braucht er kein Leckerchen mehr."

Spielen Sie nicht nach ein paar guten Trainings mit dem Gedanken: naja, jetzt weiß er ja, was ich will. Jetzt kann ich das Leckerchen schon weglassen. Lieber tragen Sie sein ganzes Hundeleben lang Leckerchen mit sich herum, damit er sicher kommt, als dass die Schlamperei mit dem Herankommen wieder los geht. Außerdem: wer von uns tut wirklich was umsonst? Und wenn wir „nur" auf unseren guten Ruf achten: jeder von uns hat bei seinen Handlungen auch einen Vorteil im Hinterkopf. Da sollten wir unserem Hund dieses kleine Stückchen Wurst oder Käse schon gönnen. Ich verspreche Ihnen in die Hand: wenn Sie dieses Training gut und sicher aufbauen, dann müssen Sie ihm nicht sein Leben lang für jedes minimale Herankommen ein Leckerchen geben, aber wenn Sie zu früh damit aufhören, dann machen Sie es sich und ihm unnötig schwer.

Außerdem sollten Sie daran denken, dass Hunde durchaus mitdenken. Glauben Sie, dass Sie einen intelligenten Hund haben? Dann sollten Sie damit rechnen, dass er das nicht lustig findet, wenn nach einigen Übungseinheiten ein wichtiger Teil, nämlich die Belohnung, wegfällt oder durch schlechtere Leckerchen ersetzt wird. Er wird versuchen herauszufinden, wann er was zu essen bekommt und wann nicht und entsprechend wird das Trainingsergebnis aussehen. Wenn Sie auf variable Belohnung umstellen, dann ist das wesentlich effektiver.

Die variable Belohnung

Variabel belohnen bedeutet einfach, dass ich nicht mehr jedes Mal den Hund mit Leckerchen belohne, sondern mir die Situationen heraussuche, in denen er belohnt wird. Das kann sein, wenn er besonders prompt und / oder schnell gekommen ist, wenn es besonders schwierig war, wenn er zum ersten Mal mit einer höheren Ablenkung kommt.... Der Fehler, der passieren kann: Sie belohnen ihn jedes dritte Mal. Täuschen Sie sich nicht: Hunde können bis drei zählen.

Variabel muss auch variabel sein. Wenn Sie jedes x-te Mal ein Leckerchen geben, dann übersehen Sie ja eventuell, wann er ganz besonders gut mitgemacht hat und das belohnen Sie dann nicht? Nur weil Sie besser zählen als belohnen können?

Wenn Sie mit der variablen Belohnung anfangen, dann geben Sie ihm einmal nichts, loben dafür ausführlich und bei der nächsten Übung, die sehr schnell folgen sollte, gibt es wieder ein Leckerchen. Das machen Sie ein paar Mal, dann stellen Sie langsam um auf Belohnung für besonders gute Leistung mit besonders tollen Leckerchen.

Der falsche Umgang mit dem Leckerchen

Manche Menschen meinen, dass sie nur mit dem Leckerchen zu wedeln brauchen und schon kommt der Hund angesaust. So einfach ist es aber nicht. Das Leckerchen ist die eine Sache, der Spaß irgendwo dahinten die andere. Ihr Hund muss schon wissen, dass das Leben in Ihrer Nähe Spaß macht und lustig ist. Und dazu müssen Sie ihm den Eindruck vermitteln, dass es noch mehr gibt als nur ein Stückchen Wurst.

Machen Sie deshalb das Leckerchen zu etwas Besonderem. Sie können es sehr auffällig heraus kramen, während er auf Sie zuläuft oder schon bei Ihnen angekommen ist. Versetzen Sie sich in ihn: er läuft auf Sie zu und Sie stehen da, womöglich mit der deutlichen Angst in den Augen, dass er vielleicht doch nicht kommt, und wedeln zaghaft mit einem Stückchen Wurst. In dem Moment läuft hinter Ihnen ein Jogger vorbei. Bello wird es vermutlich wesentlich spannender finden, mit dem Jogger zu „spielen", als auf Ihre unglaubwürdige Vorstellung einzugehen – und schon ist er weg.

Und dann stellen Sie sich vor: Sie rufen ihn mit fröhlicher Stimme, er kommt zu Ihnen, Sie laufen ein Stück zurück und loben ihn begeistert und strahlen pure Freude aus, weil er kommt. Also kommt er schneller und begeisterter. Sie loben ihn noch toller. Und wenn er bei Ihnen ist, sind Sie Freude und Begeisterung in einer Person und dann kramen Sie auch noch umständlich ein Leckerchen hervor, das Sie ihm anbieten. Die ganze Aktion ist also voller angenehmer Spannung und obendrein gibt es noch was Gutes zu essen.

Rituale erleichtern das Leben

Denken Sie mal darüber nach, was in Ihrem Leben alles ritualisiert abläuft: Aufstehen, Zähne putzen, anziehen, frühstücken... den ganzen Tag passieren irgendwelche Dinge, die Sie kennen, Ihnen vertraut sind und Sicherheit geben. Diese Alltagsrituale sind auch für Hunde wichtig, ganz besonders wenn es sich um so wichtige Dinge wie das zuverlässige Abrufen handelt. Achten Sie also penibel darauf, nicht ständig alles umzuwerfen oder neu zu kombinieren, das bringt Bello nur durcheinander. Gerade haben Sie ihm noch mit einem freundlichen Handzeichen und netter Stimme zu verstehen gegeben, wie er zu Ihnen kommen kann – und von jetzt auf gleich fallen

Sie wieder in Ihren unfreundlichen Ton zurück oder probieren andere Signale aus oder machen ein anderes Sichtzeichen... Was soll er damit anfangen? Wenn Sie ihn zuverlässig über einen langen Zeitraum hinweg immer auf die gleiche Art zu sich rufen, immer auf die gleiche Art anleinen, immer auf die gleiche Art das Zauberwort einsetzen, dann werden Sie für ihn zuverlässig und vertrauenswürdig, und er tut sich wesentlich leichter, Ihren Anweisungen zu folgen.

Die Fehlverknüpfung

Im Kapitel „Strafe oder Lob?" haben wir uns schon ausführlich über Fehlverknüpfungen informiert. Eine Fehlverknüpfung ist das schlimmste, was einem beim Training passieren kann. Und Sie können Ihrem Hund nicht vorschreiben, wie er was zu verstehen hat. Wenn ihm jedes Mal Ihre umgehängte Handtasche um die Ohren fliegt, wenn Sie ihn anleinen, dann will er sich auch nicht anleinen lassen, wenn Sie keine Handtasche dabei haben.

Was Ihr Hund angenehm findet oder eben nicht, das entscheidet er. Ob es Ihnen passt oder nicht. Denken Sie also immer daran: unerfreuliche Erlebnisse während des Trainings können bei Ihrem Hund zu einer Fehlverknüpfung führen, die Sie so ohne weiteres nicht in den Griff bekommen. Vielleicht merken Sie es gar nicht sofort und Monate später wundern Sie sich. Organisieren Sie deshalb Ihre Trainings gut und gründlich. Überlassen Sie so wenig wie möglich dem Zufall. Planen Sie Ihre Einheiten sorgfältig, bauen Sie Spiel und Spaß mit ein, damit alles prima läuft und Fehler ausgeschlossen werden.

8. Carlo sagt: Danke!

Wie kompliziert es werden kann, einen Hund abzurufen, möchte ich Ihnen mit der Geschichte von Carlo erzählen. Carlo war ein Golden Retriever, knapp ein Jahr alt und wurde mir als „Hündchen, das nicht kommt, wenn man es ruft" am Telefon angekündigt. Er war nicht sehr groß, aber auch mit 25 Kilo ist man kein „Hündchen" mehr. Sein Frauchen dachte, wenn sie ihn verniedlicht, haben die Leute keine Angst mehr vor dem großen Hund.

Es gab nicht den geringsten Anlass, sich vor Carlo zu fürchten. Er war ein sehr typischer Goldie: freundlich, sanft, liebevoll, verträglich mit Menschen, Hunden, Katzen, genau so wie man sich einen Goldie eben vorstellt. Es gab nur ein Problem: er ließ sich so gut wie nicht abrufen, deshalb war er immer an der Leine. Er war auch nicht leinenführig, das konnte allerdings durch ein Brustgeschirr und eine genügend lange Leine deutlich verbessert werden. Aber der Rückruf! Das war ein Drama.

Carlo war der zweite oder dritte Hund, der in Metzelthin zu mir kam. Mein Hundeplatz war nur provisorisch und auf kleiner Fläche mit Schafszäunen gesichert, so richtig konnte man da keinen Rückruf trainieren. Also gingen wir beim dritten Termin auf der großen Wiese hinter unserem Anwesen spazieren. Diese Wiese hat ca. 25 Hektar, im August wird sie einmal gemäht und dann kann man dort mit Hunden, die nicht jagdtriebig sind, bis Ende des Winters sehr schön im Freilauf spazieren gehen. Wir verließen meinen provisorischen Hundeplatz und auf der Wiese machte ich die Leine los – gegen den Widerstand seines Frauchens.

Der Karabiner war noch nicht ganz weg, da Carlo schon auf und davon. Endlich frei! Nach knapp 200 Metern blieb er stehen und sah sich nach uns um. Selbst auf die Entfernung konnte ich sehen, wie er strahlte. Sein Frauchen war völlig aufgelöst und hatte panische Angst: was ist wenn.... und dann kamen jede Menge Horrorszenarien. Genau weiß ich nicht mehr, was ich in diesen Momenten dachte. Es war irgendwas in der Richtung: armer Kerl, immer an der Leine, nie Freilauf, na logisch bist du jetzt begeistert.

Und dann fiel mir ein, worauf Clarissa von Reinhardt in der Ausbildung mal hingewiesen hatte: wie wichtig es ist, sich mit einem Hund zu freuen, wenn er gerade richtig begeistert ist. Und weil ich ihn so gut verstehen konnte, fing ich an, mich mit Carlo zu freuen. Ich schrie und lachte, warf die Arme in die Luft, hopste rum und jubelte. Er rannte auf uns zu und sauste vorbei, während ich ihn begeistert anspornte. Im Augenwinkel konnte ich den entsetzten Gesichtsausdruck seines Frauchens sehen. Bestimmt dachte sie, ich sei völlig übergeschnappt. Aber das war mir egal.

Dieses Spiel: ich jubeln, Carlo vorbeifetzen, machten wir noch ein paar Mal, dann kam Carlo ganz langsam zu uns her und blieb bei uns stehen. Sein Frauchen wollte ihn sofort anleinen, aber ich streichelte ihn nur und erzählte ihm, was er für ein toller Hund sei. Und dann schickte ihn, zum hellen Entsetzen seines Frauchens, wieder los: lauf, Carlo, renn was du kannst! Da ließ er sich nicht zweimal bitten und rannte los. Wir gingen Richtung Waldrand und er drehte begleitet von meinem Jubel und dem leisen Gejammere meiner Kundin große Kreise um uns. Am Waldrand blieben wir stehen: jetzt mussten wir ihn anleinen. Er kam auf mein Signal „schau mal her" ganz ruhig zu mir. Am Boden lagen die Schleppleine und meine Handschuhe als Paket zusammengelegt. Er drückte sich an mich, bückte sich und nahm dieses Paket auf. Weil er es nicht so ganz ordentlich im Maul hatte, legte er es nochmal ab, schob es mit der Nase zurecht und hob es wieder auf. Ich hockte mich hin, nahm ihn in die Arme und er drückte sich ganz fest an mich.

Sein Frauchen meinte ängstlich, ob er mich jetzt dominiere? Ich konnte zuerst gar nicht antworten, weil mir die Tränen in den Augen standen und ich einen dicken Kloß im Hals hatte. „Nein, antwortete ich, er sagt einfach: Danke."

Ab diesem Tag durfte Carlo immer dort frei laufen, wo es gut möglich war und der Rückruf klappte nach einigen zusätzlichen Übungen zuverlässig.

Diese Geschichte ist mir wieder eingefallen, als ich darüber nachdachte, welche Beispiele ich aus der Hundeschule ich bringen soll. Ich finde, das ist die beste, die es zu diesem Thema überhaupt gibt. Denn es geht nicht einfach darum, dass Hunde immer tun müssen, was wir wollen. Wir müssen auch verstehen, was sie gerne möchten und es ihnen so gut es geht ermöglichen.

Carlo mit seiner Gruppe

Fazit

Hunde sehen die Welt anders als wir. Sie unterscheiden nicht unbedingt nach unseren Kriterien, was wichtig ist und was nicht. Für Ihren Hund ist es vielleicht total wichtig, genau jetzt in dieser Minute ein Mäuschen auszugraben, während Sie eigentlich nur noch eine kurze Pipirunde machen wollten, weil Sie hinterher zu einer Geburtstagsparty eingeladen sind. Und jetzt stehen Sie erst mal da und müssen ihn abduschen, nachdem er ewig nicht gekommen ist und sich auch nur widerwillig hat anleinen lassen. Ihre Priorität ist bei der Party, Bellos bei dem Mauseloch. Wer hat Recht? Keine Ahnung. Eigentlich beide – jeder aus seiner Sicht. Aber so ist das Leben mit Hunden eben.

Auch wenn es schwer fällt, sehen Sie solche Vorkommnisse locker. Klar nervt das, mich auch. Aber Sie ändern durch Genervtsein oder durch eine Prioritätenliste nichts an den Prioritäten Ihres Hundes. Er wird trotzdem Mäuselöcher attraktiver finden als Herankommen und Vorsitzen, auch wenn Sie dafür bei einer Prüfung den ersten Preis bekommen möchten.

Lassen Sie sich lieber lustige Spiele zum Abrufen einfallen, z.B. indem Sie jubelnd davon rennen und ihn zum Mitlaufen animieren, machen Sie es ihm schwer, Sie zu kriegen, weil Sie um Büsche und Bäume rennen. Lassen Sie sich von ihm jagen und sind Sie total begeistert, wenn er Sie endlich erwischt hat.

Vergessen Sie, dass das Leben hart und ungerecht ist. Freuen Sie sich mit Ihrem Hund daran, Sie und er haben nur eine begrenzte Zeit zur Verfügung, vergeuden Sie die nicht mit „bierernsten" Gehorsamsübungen, sondern freuen Sie sich mit Ihrem Hund an ihrem Zusammenleben und Ihrer Freundschaft.

Danke schön!

Wie bei jedem Buch gibt es Menschen, bei denen ich mich für ihre aktive Mithilfe bedanken möchte. Denn ein Buch entsteht nicht nur durch die Arbeit der Autorin, sondern durch Helfer im Hintergrund, die lesen und korrigieren und Tipps geben. Ohne sie wäre die ganze Arbeit nur halb so viel wert.

Als erstem möchte ich meinem alten Freund Franz Sonnenstatter danken und ihn wärmstens allen empfehlen, die daran denken, ein eigenes Buch herauszugeben. Als gelernter Schriftsetzer kann er nicht nur wunderbare Layouts zaubern und Schriften richtig einsetzen. Er ist für die ganze Gestaltung meiner Bücher zuständig, macht das ganz hervorragend und in einem unglaublichen Tempo – denn wie immer ist der Termindruck zum Schluss ganz schön heftig. Außerdem kennt er sich mit allen Finten bei Book-on-demand aus. Deshalb gibt es nie Probleme mit dem Daten. Was würde ich ohne dich machen, lieber Franz!

Ganz herzlich bedanke ich mich bei Inga Hauser, die als Deutschlehrerin und Trainerkollegin nicht nur die Fakten überprüft, sondern auch die Interpunktion, Lesbarkeit und Satzstellungen mit scharfen Augen ansieht. Vielen Dank, liebe Inga, für deine Mühe. Seit du mir hilfst, mache ich mir um die Kommas keine Sorgen mehr.

Ebenso bedanke ich ganz herzlich bei meinem Schulfreund Andreas Schenz, der als „Laie" meine Bücher liest und sehr gute Tipps gibt, was für „Laien" verständlich ist und was nicht. Meinereins neigt einfach dazu, Wissen vorauszusetzen, das nicht immer da ist. Vielen Dank, lieber Andreas. Wenn du dein OK gibst, weiß ich, dass ich verständlich geschrieben habe.

Wie immer bin ich meinem Mann Ernst Wagner-Rott von Herzen dankbar, dass er mich besonders bei den Schlußarbeiten abschirmt, die Spaziergänge mit den Hunden übernimmt und meine geistige Abwesenheit akzeptiert.

Aber mein größter Dank gilt den Hunden. Alle, die mit mir gelebt haben und leben, alle, die bei mir im Training waren und sind, alle lehren mich etwas. Denn jeder von ihnen ist einzigartig und ein Wunder des Lebens. Wegen ihnen ist die Arbeit als Hundetrainerin mein Traumjob schlechthin und die größte Erfüllung meines Lebens.

Kontakte

Wenn Sie eine Hundeschule suchen, die gewaltfrei arbeitet, dann werden Sie hier fündig:

www.gewaltfreies-hundetraining.com

https://www.facebook.com/gewaltfreies.hundetraining/

Ein Besuch auf meinen Websiten www.forsthaus-metzelthin.de und www.philocanis.de würde mich sehr freuen. Sie dürfen mich auch gerne auf Facebook unter https://www.facebook.com/ForsthausMetzelthin/ und https://www.facebook.com/PhiloCanisVerlag/ besuchen.

Literaturhinweise

Die Welt in seinem Kopf
Dorothee Schneider, animal learn Verlag

Calming Signals
Turid Rugaas, animal learn Verlag

Calming Signals Workbook
Clarissa von Reinhardt und Martina Nagel, animal learn Verlag

Grundlagen einer tierschutzgerechten Ausbildung von Hunden (Gutachten zur Verwendung von Elektoreizgeräten bei der Ausbildung von Hunden aus ethischer und ethologischen Sicht
VDH (Verband für das Deutsche Hundewesen)

Herzlich willkommen! – Ein Hund kommt ins Haus
Ute Rott, PhiloCanis Verlag

Mensch, mach langsam! –
Wenn Hunde an der Leine ziehen, weil Menschen keine Zeit haben
Ute Rott, PhiloCanis Verlag

Anti-Giftköder-Training
Sonja Meiburg, Cadmos Verlag

Stress bei Hunden
Martina Scholz, animal learn Verlag

Mehrhundehaltung
Clarissa von Reinhardt, animal learn Verlag

Zur Autorin

Ute Rott lebt mit ihrem Mann und ihren Hunden seit 2005 in Metzelthin in der Uckermark. Sie betreibt dort eine Hundeschule und vermietet Ferienwohnungen und Stellplätze für Reisemobile an Menschen mit Hunden. Ute Rott hat die animal-learn-Trainerausbildung 2005 erfolgreich abgeschlossen und ist Mitglied im Fachkreis Gewaltfreies Hundetraining. Ihre Spezialgebiete sind Grundgehorsam, Verhaltenstraining für auffällige Hunde, Ausdrucksverhalten bei Hunden, Nasenarbeit und Ernährung.

Weitere Bücher im PhiloCanis Verlag:

Ute Rott
Wohl bekomm's!
Dein Hund isst, was er frisst
ISBN 978-3-9818-3070-5
eBook:
ISBN 978-3-9818 3077-4

Ute Rott
Herzlich willkommen
Ein Hund kommt ins Haus
ISBN 978-3-9818-3071-2
eBook:
ISBN 978-3-9818-3072-9

PhiloCanis Verlag
Metzelthin 22
17268 Templin
mail: ute.rott@yahoo.com
www.forsthaus metzelthin.de

Ute Rott
Mantrailing
Praktische Anleitung
(nicht nur) für Anfänger
ISBN 978-3-9818-3073-6
eBook:
ISBN 978-3-9818-3074-3

Ute Rott
Mensch, mach langsam!
Wenn Hunde an der Leine ziehen,
weil Menschen keine Zeit haben
ISBN 978-3-9818-3075-0
eBook:
ISBN 978-3-9818-3076-7

PhiloCanis Verlag
Metzelthin 22
17268 Templin
mail: ute.rott@yahoo.com
www.forsthaus-metzelthin.de